엄마표 수학 큐레이션

오늘도 수학 선행을 고민하는 엄마들에게

엄마표
수학
큐레이션

오안쌤 지음

whale books

아이는 엄마에게 한없이 소중하고
매 순간 신비한 존재입니다.
어느 날, 어떤 엄마가 설레는 목소리로
이렇게 말했습니다.

"아이가 손가락을 펴면서 자기 나이를 말해요."
"엘리베이터만 보면 얼른 타서 층수 버튼을 눌러요."
"시계를 보면서 자꾸 몇 시냐고 궁금해해요."

드디어 아이가 주변을 둘러싼 숫자에 관심을 보입니다.
그때부터 엄마는 왠지 모르게 설렘과 동시에 초조해집니다.

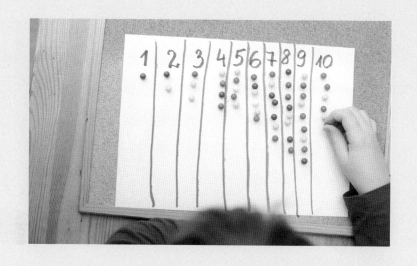

'이제 슬슬 수학 공부를 시작해야 하는 걸까?'

자, 그때부터 폭풍 검색에 돌입합니다.

첫 수학 공부,
첫 수학 교재 추천,
수학 공부 시작,
학습지 추천…

자, 수많은 질문도 빠지면 섭섭합니다.

"언제부터 아이에게 수학 공부를 시켜야 할까요?"
"5살 때부터 수학 학습지를 시작하면 너무 이른 걸까요?"
"연산 먼저 하고 사고력 수학을 해야 할까요?
아니면 둘 다 같이 해야 할까요?"
"6세면 수학 학원 보내기엔 조금 이른가요?"
"아직 한글도 못 뗐는데 본격적으로 수학 공부를 해도 될까요?"
"제가 '수포자'인데 아이를 과연 잘 가르칠 수 있을까요?"

'처음'이라는 시기가 지닌 압박감에
'수학'이라는 과목이 주는 무게감이 만나
엄마에게 '불안'이라는 엄청난 스파크를 일으킵니다.

처음일수록 급한 마음에 무턱대고 시작하면 안 됩니다.
처음일수록 제대로 된 방법으로 시작해야 합니다.

오늘도 수학 선행을 고민하고 있나요?
매일매일 쏟아지는 수학 공부 방법의 홍수 속,
지금 당장 필요한 방법만을 골라 담은
미취학 수학 공부의 바이블이 여기 있습니다.

초등 입학 전 수학 공부, 더 이상 고민하지 마세요.
저, 오안쌤이 알려드리는 딱 이것만 하면 충분합니다!

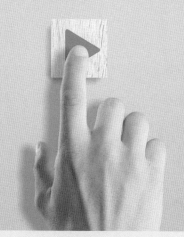

자, 이제부터 진짜 시작입니다.
얼른 페이지를 넘겨보세요.

프롤로그

아이와 수학 공부를 시작하는
가장 실용적인 방법

16년간 수능수학전문강사로 중고등학생만을 가르치다가 엄마와 어린아이들의 선생님으로 살아온 지 어느덧 2년이 흘렀습니다. 이 일을 시작한 이후로 수많은 보람된 일들과 마주했지만, 그중에서 가장 기쁨이었던 일은 아무것도 없던 저를 믿고 스터디를 시작해서 만 2년, 처음에는 수 세기조차 몰랐던 아이들이 학교에서 선생님에게 인정을 받고 "우리 학교에서 내가 수학을 제일 잘해"라고 자신 있게 말하게 되었던 때가 아닌가 싶습니다. 학부모 대면 상담이 재개된 요즘, 상담을 다녀온 어머님들이 저에게 전하는 아이들의 수학 생활에 관해 듣다 보면, '그동안 우리가 헛되지는 않았구나', '우리의 2년이 보람된 시간이었구나'를 절로 느낍니다.

> "선생님, 저는 수포자라서 아이를 어떻게 가르쳐야 할지 모르겠어요!"

제가 엄마와 어린아이들의 수학 선생님으로 전직하고 나서 단연 가장 많이 들은 질문입니다. 저는 엄마가 아이를 가르치는 선생님이 되기보다는 아이를 관리해주는 코치가 되어야 한다고 생각합니다. 다시 말해 매니저인 셈이지요. 편안한 공부 환경을 조성해주고, 꾸준하게 공부를 할 수 있도록 도와주고요. 그리고 2년간 이러한 일들은 어찌 보면 제가 운영하는 오안수학 출신 아이들로 인해 이미 검증이 된 것 같습니다. 그 아이들은 순수하게 엄마표로 공부했고, 저는 가이드만 했을 뿐이니까요. 탄탄하게 잘 짜인 스케줄을 아이와 엄마가 함께 꾸려갔던 시간, 마주하는 시행착오들 속에서 울고 웃던 추억이 켜켜이 쌓여 결국 수학을 잘하는 아이로 키워내지 않았나 싶습니다. 그래서 이 책에서는 아이에게 긍정적인 수학 정서를 심어주고, 아이 스스로 수학을 잘할 수 있다고 생각하는 수학 효능감을 키워주는, 즉 아이의 수학 공부와 수학 실력의 기반이 되는 잘 짜인 시간표를 그 어떤 엄마도 어렵지 않게 만들 수 있다는 사실을 알려주고 싶었습니다.

수학이라는 과목은 예전부터 지금까지 교육에서 차지하는 위상이 중요하지 않은 적이 단 한 번도 없었습니다. 더군다나 최근에는 문·이과 통합과 더불어 수능에서 수학 점수가 아이가 가고자 하는 대학과 전공을 결정짓는 주요한 변수가 되었습니다. 또 얼마 전 영국에서는 수상이 주도적으로 수학 의무 교육 기간을 2년 더 늘리는 등 수학 교육을 강화하려는 움직임이 있다는 기사를 봤습니다. 4차 산업 혁명 시대에 수학이 세상의 모든 부분에서 중요해진 것입니다. 그만큼 '우리 아이가 수학을 잘했으면 좋겠다'는 모든 부모의 바람일 것입니다.

누군가는 아이가 수학을 대하는 감정인 수학 정서가 좋아야 수학을 잘할 수 있다고 하지만, 저는 역으로 수학을 잘해야 수학 정서가 좋아진다고 생각하는 편입니다. 피아노도, 미술도, 그 어떤 것도 배우는 과정에 돌입하면 기초가 제일 어렵고 힘듭니다. 그 지루하고 어려운 과정을 넘어서야 잘하게 되고, 결국 잘하면 재미있어지는 법입니다. 이것은 결국 모든 인생에도 관통한다고 생각하는데, 힘든 순간에 멈추면 힘든 기억만 남지만, 힘든 순간을 넘어서면 뿌듯함이 남기 때문입니다. 수학도 마찬가지입니다. 아이가 수학 효능감이 남는 공부를 하면 수학 실력과

성적이 좋아지고, 그에 따라 다시 수학 정서와 수학 효능감이 좋아지는 선순환이 되는 것입니다.

엄마표 수학의 선순환

우리 아이들의 수학 교육에 그 누구보다 애정을 쏟고 있는 사람으로서 수학 공부를 처음으로 시작하는 시기에 제대로 된 수학 공부 방법을 알려줘야겠다고 생각했습니다. 또 문제집 큐레이터와 수학 교육 인플루언서로서의 삶을 살면서 미취학 아이를 키우는 엄마들이 도대체 아이의 수학 공부를 어떻게 시작해야 할지 몰라 많이 고민하고 방황하는 모습을 보며 실용적인 책을 써야겠다고 생각했습니다.

그래서 이론은 초등 입학 전 수학 공부의 두 축인 수학 정서와 수학 효능감만 압축해서 남기고, 철저히 실전 위주로 책 내용을 구성했습니다. 초등 입학 전 수학 공부의 로드맵은 어떤 단계로 이뤄져 있는지, 본격적으로 수학 공부를 시작하기 전에 어떤 기초 체력을 키워야 하는지, 연산과 사고력 수학은 무엇이며 어떻게 공부해야 하는지, 수학 문제집을 풀기 전에는 어떤 준비가 필요한지, 학원을 가기 전에 무엇을 얼마만큼 해둬야 하는지, 초등학교 입학 전에 어떤 단원을 어떻게 아이와 공부해야 할지 등 굉장히 실용적으로, 조금 더 구체적이지만 누구나 할 수 있는 수준으로 책 전체를 꾸렸습니다. 세상의 모든 미취학 엄마가 이 책을 통해 그간의 뜬구름 잡는, 너무나 당연한 수학 공부에서 벗어나기를 바랍니다. 그러고 나서 수많은 수학 공부 방법 중 제가 진심으로 큐레이션한, 정말로 필요한 수학 공부를 제대로 알게 되어 불안을 덜어내고 건강한 방법으로 앞으로 함께 나아갔으면 좋겠습니다.

"한 아이를 키우려면 온 마을이 함께해야 한다"라는 말이 있습니다. 제가 수학 교육이라는 끝없는 길에 처음 들어섰을 때 굳게 다짐했던 저 마음처럼 오늘도 아이와 수학을 공부하기 위해 고군분투하는 여러분의 온 마을이 기꺼이 되고 싶습니다.

2장

초등 입학 전
수학 공부 로드맵 4단계

3장

초등 입학 전 수학 공부의 완성,
초1 수학 알아보기

1장

초등 입학 전
수학 공부의 중요한 두 축,
수학 정서와 수학 효능감

초등 입학 전 수학 공부,
언제 어떻게 무엇을 해야 할까

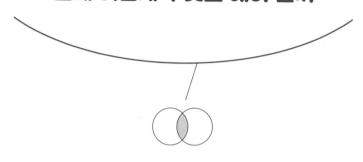

수학은 정말 빠르게 변해갑니다. 엄마 세대와 지금의 교과서만 비교해봐도 엄청나게 바뀌었습니다. 예전에는 산수라 불렸지만, 이제는 수학입니다. 요즘 아이들의 수학 교과서는 수학책과 수학 익힘책으로 나뉘어 있고, 심지어 수학 익힘책은 시중 문제집과 견줘도 손색이 없을 만큼 훌륭합니다. 수학 교과서를 천천히 보다 보면 과거와 비교해 글의 양이 현저히 늘어난 것을 확인할 수 있습니다. 심지어는 수학 교과서임에도 불구하고 숫자보다 글이 더 많은 느낌이 들기도 합니다. 더하기와 빼기를 배우

고 나서 곱셈과 나눗셈을 배우는 순서에는 변함이 없어 보이는데 말입니다.

요즘에는 수학을 부르는 말도 너무 많아졌습니다. 교과 수학, 사고력 수학, 영재 수학, 교구 수학 등… 왜 이렇게 수학을 세분화하는 것일까요? 엄마는 알고 싶은 마음이 굴뚝같지만, 다 알지는 못합니다. 다 알 수도 없습니다. 몇십 년의 시간 동안 수학은 큰 틀에서는 벗어나지 않았지만, 세부적으로는 조금씩 진화해왔고, 또 하고 있습니다. 이렇게 변하는 수학의 내용을 속속들이 알기 힘든 엄마가 중심을 잘 잡고 아이와 함께 공부하려면 무엇이 가장 중요할까요? 저는 이제 막 아이와 함께 수학 공부를 시작하기로 마음먹은 미취학 엄마에게 가장 먼저 3가지부터 짚어보라고 이야기하고 싶습니다.

- 언제 수학 공부를 시작할까?
- 어떻게 수학 공부를 할까?
- 무엇을 수학 공부로 해야 할까?

내용이 바뀌어도 수학이라는 본질은 변함이 없습니다. 엄마가 앞서 언급한 3가지 요소에 대해 고민하고, 중심만 잘 잡아도 이제 막 수학 공부를 시작하는 아이와 제대로 된 첫걸음을 뗄 수 있다는 사실을 꼭 기억하기를 바랍니다.

'언제'부터 시작해야 할까(feat. 일상생활 속 수학)

이제 갓 5살이 된 연우의 엄마는 요즘 걱정이 이만저만이 아니다. 주변에서 방문 학습지를 하네, 연산 문제집을 풀리네, 일주일에 2번 창의 사고력 수학 학원에 보내네 등 그야말로 '수학 공부'를 시작했다는데, 아직 어리기만 한 5살 꼬맹이가 벌써 수학이라니 그저 놀랍기만 하다. 겨우 5살짜리에게 수학 공부라니 현실을 믿기가 힘들고, 과장을 조금 보태 세상이 미쳐 돌아가는 것만 같다. 속으로는 세상 욕을 하면서도 여전히 해맑게 잘만 노는 아이를 보고 있자니 이제 우리도 시작해야 하지 않을까 고민스럽다. 그런데 정말로 지금이 그 시기인지, 그렇다면 어떻게 무엇을 시작해야 할지, 과연 우리 아이가 할 수는 있는 건지 기분만 막연해진다.

아이의 수학 공부를 주제로 한 강의를 시작하고 나서부터 유난히 많이 받는 질문이 있습니다. 그중 가장 빈번한 것이 바로 다음 질문입니다.

"아이가 이제 막 36개월이 지났는데 수학을 시작해야 할까요?"

월령으로 36개월이라고 하니 왠지 모르게 너무 어리다고 느껴지겠지만, 만 36개월에 저희 딸은 4세, 아들은 5세였습니다. 엄마들이 왜 36개월로 선을 그어 질문하는지 모르겠습니다. (아마도 사람다워지기 시작해서 그런 걸까요?) 그즈음이 드디어 수학을 시작해야 하는 나이라고 생각해서일까요? 그런데 역으로 '수학을 시작해야 하는 나이'라는 것이 과연 존재할까요? 저는 이러한 의문이 제일 먼저 들었습니다. 사실 저는 그동안 아이들을 가르치며 '지금이 수학을 시작해야 할 나이다'라고 정의해본 적이 없어서 그런지 하루에도 몇 번씩 계속되는 질문에 늘 같은 대답을 했습니다.

"수학은 늘 우리 곁에, 일상생활 속에 있으니, 이미 아이는 수학을 하고 있습니다."

아이가 태어나면 엄마들 대부분이 각자 형식은 다르지만 신생아 일지를 씁니다. 언제 수유했고, 언제 소변이나 대변을 봤고, 언제 목욕을 했고, 언제 잠들고 깼는지 등 아이의 하루 생활을 기록하는 것입니다. 사실 아이의 하루를 기록하는 일, 이것 또한 넓은 의미에서 수학입니다. 하루의 루틴 안에서 수유를 몇 번 했는지, 소변을 몇 번 봤는지 등 아이가 자라면서 얼마만큼 변화했는지가 통계의 시작이기 때문입니다. 저희 아이들은 분유 수유를 했는데, 분유를 탈 때 남편과 나누는 대화는 늘 비슷했습니다.

"지금 200ml 먹었어. 140ml는 결국 또 버려야 하네."

"아까 얼마 먹었지? 그럼 이번에는 100ml 정도 타면 적당하려나?"

큰아이는 늘 저희 부부가 나눈 이러한 대화를 들었고, 동생의 분유를 타는 과정을 지켜보며 어깨너머로 양을 익혔습니다. 그뿐인가요, 마트로 물건을 사러 갈 때마다 다음과 같은 광경이 제 눈앞에 펼쳐졌습니다.

"엄마, 이 빵은 1,000원이야?" (종종걸음으로 따라다니며 가격 표를 보고 물었습니다.)

"요구르트 5개가 한 묶음이네. 그럼 엄마, 아빠, 나, 동생 이 렇게 넷이 먹으면 하나가 남네. 근데 엄마, 남는 거 내가 먹어도 돼?" (자연스러운 뺄셈의 습득일까요?)

아이의 수학적 물음(수 개념이 나오니 수학적 물음입니다)에 저는 단언컨대 단 한 번도 "그런 건 몰라도 돼"라고 말한 적이 없었습니다. 아무리 간단한 질문이라도 늘 답해주려고 애썼고, 스스로 계산할 법한 질문에는 어떻게 생각하냐고 물어봤습니다. 아이가 모르겠다고 말하기 전까지는 기다려줬습니다. 제가 여기서 하고 싶은 말은 이것입니다.

'수학은 (엄마와 아이가 모르는 사이에) 이미 시작되었다.'

앞서 이야기한, 36개월에 수학을 시작해야 하냐는 엄마들의 질문에 대한 제 대답의 다른 표현입니다. 지금 아이들에게 수학을 가르치는 저 역시도 한때는 아이의 수학이 고민이어서 맘카페 후기가 많은 여러 가지 교구도 사보고, 이것저것 더 잘 알려주고 싶은 마음에 이런저런 기기에 돈도 써봤지만, 결국에는 그 위에 먼지만 한가득 쌓였던 기억이 납니다. 엄마이자 선생님이기에 아이 수학 공부에 더 좋은 무언가가 있지 않을까 항상 궁금하고 찾아 헤맸던 것 같습니다. 하지만 엄마의 부단한 노력과는 큰 상관없이 아이가 수학을 좋아했던 이유는 생활 그 자체였음을 깨닫게 되었습니다.

먼지 쌓인 교구를 옆에 둔 채 아이는 즐겁게 부르는 동요에서 매일 수학을 만났습니다. '곰 세 마리'를 부르며 아이는 누가 따로 일러주지 않았는데도 자연스럽게 아빠 곰, 엄마 곰, 아이 곰이 총 3마리라는 수양일치, 3마리의 곰이 한 공간에 있다는 공간 개념, 뚱뚱함과 날씬함에 대한 비교를 배우고 익혔습니다. 사실 사람들 대부분이 이것을 일상생활 속의 수학이라고는 전혀 생각하지 못합니다. 그저 엄마는 아이에게 신나는 동요를 불

러췄다고만 생각합니다. 그러나 이것 또한 엄마가 아이에게 전하는 일상생활 속 수학입니다. (일상생활에서 아이와 즐겁게, 수학 공부지만 수학 공부가 아닌 것처럼 할 수 있는 놀이에 대해서는 2장에서 자세히 다뤄보도록 하겠습니다.)

엄마가 수학을 공부했던 기억은 선생님이나 연구원 등 직업적 이유가 아니라면 대부분 고등학교 3학년 때가 마지막이었을 것입니다. 문제집을 펼치고 연습장을 꺼내서 문제를 하나씩 풀고 채점하고… 이렇게 마지막 수학을 기억하기에 대다수 엄마들이 '수학 공부=문제집 풀기'라고 생각합니다. 사실 100% 틀린 생각은 아니지만, 적어도 미취학일 때만큼은 이런 생각을 과감하게 떨쳐버리면 좋겠습니다. 아이가 얌전히 자리에 앉아서 문제를 풀고, 수학 동화를 사서 읽혀야만 수학 공부를 제대로 시작했다고 생각하는 여러분들에게 제가 해주고 싶은 말은 늘 같습니다. 진짜 수학 공부는 언제나 일상생활 속에 있고, 바로 곁에서 알게 모르게 그 존재를 뽐내고 있습니다. 한번 생각해봅시다. 아이가 쑥쑥 크고 있는 우리 집은 지금 수학이 시작되었는지? 아마 이 책을 읽고 있는 엄마라면 문득 '아, 이 활동이 알게 모르게 시작된 수학 공부였구나' 싶은 기억들이 하나둘 떠오를 것입니다.

엄마가 아이의 수학 공부를 언제 시켜야 할지 고민하는 시점보다 훨씬 앞서서, 이미 수학 공부는 시작된 것이나 다름없습니다. 아이가 마트에서 물건을 구경하거나 동요를 부를 때 재미 없다거나 싫다고 하지 않습니다. 호기심에 눈을 반짝거리고 밝게 웃으며 즐거워합니다. 엄마는 이 순간을 긍정적인 수학 정서 (아이가 수학에 대해 느끼는 감정)로 연결해, 아이가 수학 효능감 (아이가 스스로 수학을 잘할 수 있다고 확신하는 감정)을 가질 수 있도록 해주면 됩니다. 다시 말해서 우리 곁에 늘 존재하는 수학을 조금 더 다채롭게 끌어올려주고 사랑해주면 그것이 곧 자연스럽게 아이의 수학 공부가 된다는 것입니다. 그러니 미취학 아이의 엄마라면 아이의 수학 공부를 '언제' 시작해야 할지 애써서 고민할 필요가 없습니다. 지금 하고 있는 것을 잘하면서 앞으로 제가 이야기할, 수학 공부를 어떻게, 무엇을 해야 할지에 대해 생각하면 됩니다.

'어떻게' 해야 할까
(feat. 누구나 시도하지만, 마음 같지 않은 선행 학습)

선행 학습, 듣기만 해도 왠지 모르게 부정적으로 느껴집니다. 대체 이 말은 언제 어디에서 생겨난 걸까요? 누가 처음으로 했는지 모르겠지만, 이 단어의 의미는 모두 알고 있습니다. 선행先行, 원래는 한발 먼저 시작하는 학습이라는 의미지만, 지금은 현재 배우고 있는 진도보다 빠른 학습, 즉 나이나 학년을 넘어서는 학습이라는 뜻으로 바뀌어버렸습니다. 소위 '학군지'라고 불리는 곳에서는 3년 이상 진도가 빠르지 않으면 선행이 아니라 예습이라고 한다는 다소 부담스러운 우스갯소리도 들려오곤 합니다. '진도를 뺀다'는 의미로 더 통용되는 선행 학습, 엄마라면 이 말의 굴레에서 벗어날 수가 없습니다. 선행하느냐 마느냐, 어떤 선택을 해야 하는지 늘 고민의 시작입니다. 하지만 조금 다르게 생각을 해봅시다.

아이가 태어나 어느새 걸음마를 떼고 걷기 시작합니다. 그러고 나서 아이가 계단을 오르내리기 시작하면 모두가 한마음으로 "하나, 둘, 셋, 넷…"을 외칩니다. 아주 본능적으로 엄마는 어린 생명체에게 하나라도 더 알려주려고 애씁니다. 모르는 것보다는 아는 것이 많기를 바라는 마음을 조금 섞어 계속 "1, 2, 3, 4…"와 "하나, 둘, 셋, 넷…"을 외치며 계단을 오르내립니다. 하지만 아무도 이 상황을 선행 학습이라고 생각하지 않습니다. 왜일까요?

계단을 오르내리면서 배우는 수 세기가 아이에게 학습으로 다가가지 않았고, 엄마가 말한다고 해서 아이가 완벽하게 알 것이라 기대하지 않았기 때문입니다. 그냥 이 시간을 엄마와 아이가 충실히 보냈을 뿐입니다. 이렇게 반복하다 보면 아이가 어느 순간 숫자를 깨우치게 되고, 그 시점이 다른 아이들보다 빠르거나 비슷하거나 느릴 수 있습니다. 빠른 아이들을 마주하면 선행 학습을 했다고 여길 수도 있습니다. 하지만 의도 아래 진행한 것은 아닐 확률이 높습니다. 그저 '이렇게 말하다 보면 알겠지. 저렇게 말하다 보면 알게 되겠지…'의 마음입니다. 유아기 때는 엄마가 진도라는 틀에 갇혀서 아이의 수학을 바라보지 않기 때문입니다.

어쩌면 선행 학습을 해도 되느냐 안 해도 되느냐의 물음에 대한 답은 이미 나와 있습니다. 우리는 아마도 모두가 이러한 선행을 하고 있다는 것! 이미 선행은 시작되었습니다. 해도 되느냐 안 해도 되느냐는 사실 가장 의미 없는 질문일지도 모릅니다. 엄마와 아이가 하는 모든 활동은 어쩌면 선행입니다. 그러니 먼저 배우는 일에 부담을 느끼지 않았으면 좋겠습니다. 초등 수학 진도라면 조금 다른 문제일 수 있지만, 적어도 미취학일 때는 우리가 소위 알고 있는 엄청난 선행을 수반하지 못하니, 부담 없이 배움에 열린 자세를 취하면 됩니다.

이 시기의 엄마들이 가장 크게 느끼는 선행은 의외겠지만 바로 다름 아닌 '구구단 외우기'입니다. 구구단은 초등학교 2학년 교과 과정에 나옵니다. 구구단을 외운다는 것은 이미 굉장히 앞서서 선행을 했다는 의미로 받아들여지고, 꽤 자랑스럽게 보이기도 합니다. 그러나 한편으로는 '아직 관심이 없는 아이를 데리고 한번 외우게 해볼까?' 하는 고민과 '아이가 관심을 보이긴

하는데, 괜히 진도를 빨리 나가서 수학만 싫어지는 거 아니야? 알려줘야 해, 말아야 해?' 하는 고민이 생깁니다. 배움에 열린 자세를 취한다는 관점에서 보자면, 관심 있을 때 가르쳐주는 것은 괜찮습니다. 하지만 관심 없는 아이에게 억지로 구구단을 외우게 한다든가, 그 과정을 통해 압박을 준다면 그건 옳지 않다고 말하고 싶습니다.

7살 민서의 엄마는 요즘 마음이 심란하다. 인스타를 보다 보면 겨우 유치원에 다니는데 벌써 초등 2학년 수학을 하고 있다느니, 초등 3학년 수학을 이제 막 시작했다느니 등 나이와 학년을 앞질러 수학 공부하는 아이들이 등장하는 피드가 자주 눈에 띄기 때문이다. 도대체 저런 엄마들은 뭐 하는 사람들일까? 저 아이와 우리 아이는 다르니까 나는 나만의 길을 가면 된다고 생각했다가도 피드를 보고 나서 아이를 쳐다보면 한숨만 나온다. 혹시 학교 가서 뒤처지지는 않을까? 이렇게 진도를 느리게 나가다가 못 따라잡는 것은 아닐까? 그러다가 때마침 자주 방문하는 맘카페에서 문제집 공구(공동 구매) 글을 봤다. 얼른 시작해야지, 부푼 마음을 안고 문제집을 주문했다. 하지만 작심 3일이라고 했던가. 아이는 짜증 내며 하기 싫어하고, 아이가 하기 싫어하니 나도 이 시간이 두려워 쳐다도 안 보게 되었다.

이러한 상황이 비단 민서 엄마만의 일은 아닐 것입니다. 아마도 아이의 수학 공부에 조금이나마 관심이 있는 엄마라면 모두 한 번쯤은 경험해봤을지도 모릅니다. 선행 학습을 시도하는 학부모는 많습니다. 민서 엄마 역시 조급한 마음에 어디까지 해야 할지 목표를 세우지 않고 무조건 문제집부터 샀을 것입니다. 사실 요즘은 문제집 구하기가 얼마나 쉬워졌습니까? 심지어 할인과 공구가 넘쳐나는 세상입니다. 제값 내고 문제집을 사면 돈이 아깝다고 느껴질 만큼 가격이 쌉니다. 단순히 문제집만 꾸준히 풀리면 되겠지 하는 마음으로 누구나 선행을 시작합니다. 그만큼 문제집은 수학 선행 학습에 가장 편한 도구입니다. 하지만 아무나 하지는 못합니다.

'수학의 진도를 나간다'를 선행 학습으로 정의해보자면, 이러한 상황은 생각보다 만만하지 않습니다. 수학, 즉 수학 공부를 제대로 시작하려면 숫자뿐만 아니라 글자도 알아야 하고 문맥상의 의미도 알 수 있어야 합니다. 연산이야 더하기(+), 빼기(−) 등 기호만 인지해도 문제를 풀 수 있지만, 앞서 언급한 진도를 나간다는 의미의 선행 학습을 하려면 현재 자신의 나이보다 위 학년의 문제집을 풀고 이해해야 합니다. 그러다 보니 생각보다 어려운 단어들(몫, 나머지, 분수, 소수 등)이 자주 등장하고, 문제를 구성하는 문장이 점점 길어짐에 따라 엄마가 읽고 따로 설명해주지 않으면 출제 의도를 전혀 파악하지 못하는 경우도 많습니다. 그렇다면 과연 이것이 참된 의미의 선행일까요? 내가 왜 뛰는지도, 결승점이 어디인지도 모른 채 그저 앞으로 나아가기만 하는 달리기 경주에 아이를 참여시키고 있지는 않은지 점검해봐야 합니다.

문제를 해결해나가는 주체는 아이 본인이어야 합니다. 아이가 수학을 공부할 때 엄마는 조력자가 되어야 하지, 수행자가 되어서는 안 됩니다. 겨우 미취학 아이들이기에 엄마가 도와줘야 하는 것은 맞습니다. 하지만 여기서 '도와준다'에 '문제를 풀어준다'가 포함되는 것은 아닙니다. 아무리 엄마가 AI처럼 글자를 읽어준다고 해도 본능처럼 중요한 단어에는 힘이 들어가기 마련입니다. 그것은 은연중 힌트로 작용해 아이 스스로 문제를 해결하는 능력을 키우는 데 방해가 되기도 합니다. 적어도 스스로 글자를 읽을 정도의 기반이 있어야 수학 공부를 제대로 한다고 말할 수 있고, 그렇다면 '선행 학습은 아무나 할 수 있는 것이 아니구나'라고 느낄 것입니다.

예를 들어 7살 아이가 수학 선행 학습으로 초등 2학년 문제를 푼다고 가정해봅시다. 2학년 수준의 문제를 풀려면 앞서 언급했듯이 반드시 갖춰야 하는 것들이 있습니다. 2학년 아이만큼 글씨를 쓸 수 있어야 하고, 국어 실력을 쌓아놓아야 합니다. 하지만 숫자를 겨우 쓸 줄만 알 뿐 나머지가 준비되지 않은 아이들은 2학년 수준의 문제를 당연히 이해하지도, 해결해내지도 못합니다. 또 초등 2학년 문제집을 풀려면 아이가 2학년 수준으로 사고할 수 있어야 하는데, 많은 엄마가 이 부분을 간과합니다. 자꾸 과거로만 회귀해서 예전에는 하루에 한 권도 척척 풀었는데, 지금은 왜 진도가 안 나가는지에 대한 한숨과 왜 다 맞히지 못하는지에 대한 탄식만 하릴없이 내뱉고 있을 뿐입니다.

그런가 하면 수학만 특히 빠른 진도에 굉장히 집착합니다. 국어와 영어는 비교적 인내심을 갖고 잘 기다려주는데, (초등학교에 들어가서나 글밥이 많은 책을 건네려고 하지, 미취학 때는 그림책이 대세입니다) 수학만큼은 제 나이를 뛰어넘기를 바랍니다. 사실 엄마가 있는 힘껏 신경을 써야 할 것은 진도가 아니라 아이의 수학 약점, 즉 어떤 부분을 잘 못하는지입니다. 하지만 안타깝게도 이 부분은 대다수가 딱히 관심이 없습니다.

'아, 우리 아이가 약한 영역은 이 부분이구나.'
'아, 우리 아이가 연산 중에 빼기만 나오면 움츠러드는구나.'
'아, 우리 아이가 도형이 나오면 힘들어하는구나.'

이렇게 생각하기보다는 그저 채점펜으로 동그라미 치기, 즉 '다 맞아야 한다'라는 압박만을 느낄 뿐입니다. '모르는 부분과 약한 부분을 메꿔보자'의 마인드를 갖추면 당연히 선행 학습은 물 흐르듯 진행된다는 사실을 믿지 못하는 듯합니다.

못하는 것이 당연한 아이가 못하는 부분을 만나면 엄마는 그 부분을 구멍 난 화분을 메꿔주듯 조심스럽게 다지고 고쳐줘야 합니다. 그러다 보면 다시 꽃을 활짝 피울 수 있을 만큼 튼튼해지기도 합니다. 하지만 화분을 메꿀 재료를 준비하는데 시간이 오래 걸린다고 테이프 따위로 땜질을 해버리면 결국 흙의 무게와 물의 흐름을 견디지 못하고 다시 구멍이 뚫려버립니다. 수학 공부도 똑같습니다. 아니, 더 나아가 모든 공부도, 우리의 인생도 똑같습니다. 진짜로 아이와 제대로 된 수학 선행 학습을 하고 싶다면 엄마가 반드시 기억해야 할 것은 선행할 수 있을 만큼의 기반을 갖춰야 한다는 사실입니다. 그 기반은 아이가 계단을 오르내리며 자연스럽게 수를 배워나갈 때 진도라는 틀에 사로잡히지 않은 엄마의 시선, 선행하려는 수학 내용에 걸맞은 아이의 국어 실력과 사고 수준, 아이의 수학 약점을 발견해 메꿔보려는 엄마의 마인드입니다.

결론적으로 초등학교 입학 전의 수학 선행 학습은 하느냐 마느냐 고민해야 하는 선택의 문제가 아니라, 엄마라면 누구나 부지불식간에 선행을 하는데, 그 선행이 '어떤' 선행인지를 아는 것입니다. 여기서 '어떤' 선행이란, 엄마가 어떤 내용으로, 어떤 의도를 갖는지를 뜻합니다. 초등학교 이후의 수학 선행은 조금 다르겠지만, 미취학 시기의 수학 선행에서만큼은 엄마가 무작정 진도를 빼겠다는 함정에 빠지지 않으면 좋겠습니다. 엄마가 이런 함정에 빠지지만 않아도 아이는 긍정적인 수학 정서를 갖고 자신만의 수학 효능감을 느끼면서 앞으로 쭉쭉 나아갈 것입니다. 이런 모습이 바로 제대로 된 초등 입학 전 수학 선행의 결괏값임을 꼭 기억하기를 바랍니다.

'무엇'을 해야 할까(feat. 연산 vs 사고력 수학)

6살 주원이의 엄마는 유치원 엄마 모임에만 갔다 오면 너무 혼란스러워 머리가 지끈거린다. 어떤 엄마는 일찌감치 학원을 보내 사고력 수학을 가르쳐야 나중에 지문이 긴 서술형 문제를 척척 풀 수 있어 힘들지 않다고 하고, 또 다른 엄마는 연산 실력만 기본적으로 받쳐줘도 전반적인 수학 공부를 수월하게 할 수 있어 가장 먼저 연산에 집중해야 한다고 하기 때문이다. 그런데 연산을 시키자니 어릴 때 자신이 했던 학습지의 기억 때문에 (기간 내에 다 풀지 못해 결국 답안지를 보고 답만 부랴부랴 베껴 쓴 적도 있었다) 아이도 수학을 지루하게 여겨 싫어할까 봐 너무 걱정이고, 그렇다고 덜컥 엄마표로 사고력 수학을 하자니 자신이 모르는 분야라서 두렵기만 하다. 괜히 '수포자'인 자신이 잘못된 방법으로 가르쳐서 아이가 아예 수학을 손에서 놓아버리게 되는 역효과가 날까 봐 근심이 이만저만이 아니다. 그렇다고 학원을 보내자니 6살을 시작으로 앞으로 들어갈 사교육비에 눈앞이 깜깜해진다. 연산과 사고력 수학, 대체 뭐가 먼저일까?

연산이냐 사고력 수학이냐, 마치 닭이 먼저냐 달걀이 먼저냐처럼 이는 주원이 엄마만의 고민은 아닐 것입니다. 과거와 비교하면 수학에서 강조되는 영역이 다채로워진 만큼 아이의 수학 공부를 목전에 두고 이러한 고민이 쌓입니다. 사실 답은 나와 있습니다. 사고력 수학을 하려면 언어적 영역이 필요합니다. 엄마가 문제를 대신 읽어주거나 설명해줄 수도 있지만, 그것은 반쪽짜리가 되는 위험성이 내재해 있습니다.

그에 반해 연산은 숫자만 알면 됩니다. 수의 관계 정도만 제대로 이해하면 되므로 조금 더 쉽게 접근할 수 있고, 진도도 비교적 빠르게 나가니 엄마의 성취감(?)에도 긍정적 영향을 끼칩니다. 결국은 둘 다 해야 하지만, 우선 연산을 먼저 시작하는 것이 그나마 수월합니다. 자, 이제 연산이 먼저라고 선생님이 말했으니 당장 연산 문제집부터 사야겠다고 생각했다면 큰일 납니다. 연산을 하려면 수를 인지해야 합니다. 우리가 아는 1, 2, ⋯ 9, 0 숫자는 상황에 따라 부르는 이름이 다릅니다. 1, 2, ⋯ 9, 0은 독립적인 숫자로도 쓰이고, 123, 23 등 조합해서 무궁무진한 수도 됩니다. 이처럼 숫자(기본 개념)를 먼저 배운 후에 수(응용)를 배웁니다. 숫자를 배우고 수로 넘어갈 때 반드시 거쳐야 하는 과정이 있는데, 이를 '수양일치'라고 합니다.

수양일치

○○○○
동그라미 4개를 보고 '사' 혹은 '넷'이라고 말할 수 있는 것

수양일치의 과정은 엄마가 생각하는 것보다 상당히 긴 시간이 소요됩니다. 오랫동안 아이와 수에 관한 탐색 및 공부를 해야 하고, 손과 발, 혹은 구슬이나 간식 등 여러 가지 구체물을 이용해서 정확하게 배우고 충분히 연습해야 합니다.

수양일치가 된 후에는 연산 문제집을 사도 좋습니다. 시중에는 미취학을 위한 다양한 연산 문제집이 있습니다. 이러한 문제집은 대개 수를 배우고, 수양일치를 배운 다음, 덧셈부터 시작해 사칙 연산을 차근차근 배우도록 구성되어 있습니다. 만약 연산 문제집을 사기로 했다면 아이가 좋아할 만한 요소(캐릭터, 구성, 색깔 등)가 포함된 것을 사서 숫자 쓰기 연습부터 시작하면 됩니다. 어쩌면 아이에게 주어진 연산 문제집에서 첫 활동은 선 긋기가 될 가능성이 큽니다. 선 긋기와 숫자 쓰기로 쓰는 힘을 먼저 기른다고 생각하면 초등학교 입학 전이라 하더라도 연산 문제집이 크게 부담스럽지 않을 것입니다. 이때 컬러 하나 없이 검정 글씨로 문제만 빼곡한, 그야말로 딱딱한 연산 문제집은 부정적인 느낌을 줄 수 있기에 되도록 피합니다.

이렇게 본격적으로 연산을 하는 와중에 한글 공부의 병행을 추천합니다. (기초 연산은 수양일치가 되었을 경우 한글을 다 알지 못해도 충분히 할 수 있습니다.) 그러다 보면 한글을 어느 정도 익히게 되어 혼자 읽기가 가능해집니다. 이때가 드디어 사고력 수학을 시작할 적기입니다. 사고력 수학은 아이 혼자 글을 읽을 수 있을 때 해야 도움이 됩니다. 물론 엄마가 문제를 읽어주고 해결할 수도 있습니다. 하지만 대다수 엄마가 문제를 읽어줄 때 자기도 모르게 답을 찾아낼 실마리에 힘을 더 싣거나, 아이가 답을 모를 때 목소리를 높일 수 있습니다. 그러므로 사고력 수학은 아이가 스스로 글을 읽을 수 있을 때 시작한다면 더할 나위 없이 좋은 성과를 볼 수 있습니다. 그러나 당연히 모두가 그렇게 되지는 못할 것입니다. 아이들의 인지 속도는 저마다 다르기에 모두 짜 맞춘 것처럼 똑같이 공부의 순서를 정할 수는 없습니다. 우리 집 상황에 맞게 순서를 정하면 됩니다. 하지만 그렇다고 하더라도 미취학 시기에는 사고력 수학보다는 숫자 공부와 연산을 먼저 시작하는 것이 지금 당장이 아닌 조금 더 먼 미래를 내다봤을 때 도움이 될 확률이 높습니다.

수학 공부의 튼튼한 뿌리, 긍정적인 수학 정서

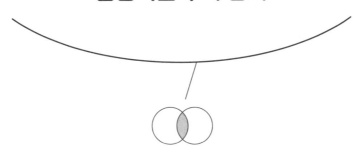

아이와 함께 수학 공부를 해보겠다고 여러 가지를 알아보다 보면 너무 많은 정보로 인해 혼란스러울 때가 많습니다. 이 문제집? 저 학원? 그 프로그램? 과연 어떤 것이 아이와 맞을까? 심도 있는 고민 끝에 하나를 선택해 공부하게 되면 막상 얻어온 정보와 아이의 반응이 달라서 더 혼란스러운 경우가 많이 생깁니다. 그래서 화를 내고, 가르쳐준다는 핑계로 다그치다 보면 어느새 아이는 울음을 터뜨리고 맙니다. 그런 모습을 보고 있자니 '수학이 뭐라고 내가 이렇게까지 아이를 잡나…' 시쳇말로 현타(현

실 자각 타임)가 올 때도 있습니다. 비단 문제집이나 학습지를 풀 때만 이런 일이 일어나는 것은 아닙니다. 교구 활동이나 게임을 할 때도 마찬가지입니다. 수학 자체가 답이 명확한 활동이다 보니, 엄마의 화가 유독 수학을 할 때 도드라져 보일 뿐입니다.

여기서 질문을 하나 해보겠습니다.

"지금 엄마와 아이 사이를 나쁘게 만드는 원인이 과연 수학일까요?"

저는 수학은 항상 같은 자리에 그대로 있었고, 수학 정서, 즉 아이가 수학에 대해 느끼는 감정을 망치는 것은 엄마의 태도라고 말합니다. 아이들은 엄마를 사랑합니다. 부모는 자신의 사랑이 제일 크다고 말하지만, 자식이 부모를 사랑하는 마음 또한 그에 못지않다고 생각합니다. 아이들은 엄마에게 잘 보이고 싶은 마음, 사랑받고 싶은 마음이 크다 보니 엄마의 요구에 순순히 응하고 공부를 시작합니다. 이때 엄마가 가르쳐준다면서 다그치게 되면 아이는 그 순간 하고 있던 모든 활동이 원망스럽기 마련입니다.

특히 수학을 처음 시작하는 아이일수록 수학에 대해 느끼는 첫 감정이 너무나 중요합니다. 이 시기에 수학 공부를 하며 발생한 엄마와의 갈등으로 인해 아이 안에 수학에 대한 부정적인 감정이 켜켜이 쌓이다 보면, 제대로 시작도 안 했는데 수학을 영영 싫어하게 될 수도 있습니다. 그러므로 아이와 수학 공부를 할 때 엄마는 조금 다른 마음을 가지고 있어야 합니다. 이번에는 아이의 긍정적인 수학 정서 조성을 위한 엄마의 마음가짐에 대해서 다뤄보겠습니다.

긍정적인 수학 정서에서 공부 정서까지 아우르는 3가지 마법의 말

6살 수현이 엄마는 요즘 아이와 수학 공부를 할 때마다 너무 힘이 든다. 시작도 하기 전에 싫다고 하고, 조금만 하다 보면 모른다고 하기 때문이다. 아니 대체 '1+3'이 뭐가 어렵단 말인가? 이해가 너무 안 되지만 행여나 아이의 기를 죽일까 봐 꾹꾹 참아본다. 그러다 쌓이고 쌓여 결국 터지고 만다. "저번에도 풀었잖아. 1+3이 뭐가 그렇게 어려워? 엄마가 얼마나 더 가르쳐줘야 해?" 모진 말로 아이한테 화를 내고 나면 또 하염없이 미안해진다. 굳이 이렇게까지 수학을 해야 하는 걸까? 엄마표로 수학 공부를 하다가 아이와의 관계만 나빠지는 건 아닐까? 차라리 학원으로 노선을 틀어야 하나? 그렇게 날마다 고민만 늘어간다.

6살 수현이 엄마의 고민은 거의 모든 엄마의 고민이기도 합니다. 제가 가장 자주 받는 질문인 동시에 엄마표로 아이와 수학을 하다 보면 누구나 마주하게 될 상황일 수 있습니다. 인스타를 둘러보다가 다른 집의 그럴듯한 엄마표 학습이나 홈스쿨 이야기에 소위 '현타'가 오기도 합니다. 우리 아이만 이렇게 유난한가 싶습니다. 그런데 왜 이러한 고민은 수학 공부를 할 때 가장 커지는 걸까요?

수학은 정답이 명확한 과목입니다. 국어나 영어의 답과는 다른 특별함이 있습니다. 적어도 교과 과정 내에서는 이것도 저것도 답일 수 없습니다. 풀이 과정과 도출 방법이 달라도 결론적으로 답은 같습니다. 다시 말해 엄마가 채점하기 제일 쉬운 과목이기도 합니다. 그렇기에 오답을 쓰면 다른 과목에 비해 엄마의 화가 쉽게 솟구치는 것일지도 모릅니다. 일말의 여지없이 틀렸음이 너무나 확실하기 때문입니다. 수학에는 동그라미(◯)와 작대기(/), 이렇게 2개의 세상만이 존재합니다. 모로 가도 답이 확실하게 맞으면 그저 동그라미만 해주면 되니, 가장 수월하게 엄마표가 가능합니다.

게다가 유아기 수학은 다루는 내용이 굉장히 쉽기에 엄마는 아이가 항상 다 맞을 수 있다고 생각합니다. 그러나 아이는 처음 배우는 내용입니다. 이제까지 본 적 없는 새로운 내용을 배우는데, 엄마가 계속 100점만을 강요한다면 아이에게 수학은 그 자체로 압박이며 자연스레 싫어질 수밖에 없습니다.

'대체 뭐가 문제지?'

엄마표로 아이와 수학 공부를 할 때 엄마가 가장 많이 하는 생각입니다. 어떤 때는 문제를 읽지 않는 것 같기도 하고, 또 다른 때는 문제를 풀 때 몸을 가만히 두지 않는 등 태도가 불량해 보이기도 합니다. 많은 부모가 다른 과목과는 달리 수학만큼은 냉혹한 잣대를 들이대며 그에 맞춰 공부하기를 바랍니다. 바른 자세로 초집중하며 문제를 정확히 읽어 답을 바로바로 찾아내야 한다고 생각합니다. 아직 초등학교도 채 입학하지 않은 아이들에게 과연 가능한 일일까요? 엄마 자신의 미취학 시절도 지금 엄마가 아이에게 바라는 그 모습이었을까요?

비록 수학은 답은 하나더라도 그에 이르는 과정은 여러 가지가 있을 만큼 유연한 과목이지만, 정작 수학을 대하는 엄마의 마음은 그렇게 유연하지가 못합니다. 수학에 대한 아이의 부정적인 시선은 아마도 여기서 시작되지 않을까 싶습니다. 재미있었다면, 즐거웠다면, 용기를 얻었다면 수학이란 과목에서 지쳐 포기하는 일 따위는 없을 테니까요. 그래서 저는 아이에게 긍정적인 수학 정서를 심어주기 위해 항상 이 3가지 말을 기억하라고 이야기합니다.

'그럴 수 있지.'

'모를 수 있지.'

'틀릴 수 있지.'

별것 아닌 것처럼 보이는 이 3가지 말은 엄마가 아이와 수학 공부를 할 때 꽤 요긴하게 사용할 수 있습니다.

긍정적인 수학 정서를 심어주는 상황별 엄마의 말

책상에 앉는 것조차 싫어하는 아이에게
"그럴 수 있지. 엄마도 어릴 때 공부가 그렇게 즐겁지만은 않았던 것 같아."
무작정 "모르겠어"만 외치는 아이에게
"모를 수 있지. 엄마도 어릴 때 읽기조차 싫고 모르겠는 순간들이 있었어. 하지만 모르면 배우면 되는 거야. 우리 같이 배워볼까?"
문제를 틀려서 짜증 내는 아이에게
"틀릴 수 있지. 우리 ○○는 지금 새로운 내용을 공부하는 과정이니까 당연히 틀릴 수 있어. 사실 틀렸다고 말은 하지만 그 부분은 아직 잘 모르는 거라고 알려주는 신호이기도 해. 그러니 잘 배워두자."

제가 요즘 제 아이들과 가르치는 아이들에게 제일 많이 쓰는 말입니다. 이렇게 엄마에게는 항상 아이 편에서 아이의 시선으로 생각해주려는 마음이 필요합니다. 엄마표는 매우 쉽지만, 동시에 매우 어렵기도 합니다. 누군가는 엄마표가 학원을 가지 않고 집에서 공부하니까 엄마표라고 이야기하는데, 제가 생각하는 진정한 엄마표는 엄마가 가르쳐서가 아니라 학원을 가더라도 엄마가 공부하는 아이의 마음을 달래주는 것입니다. 엄마만이 할 수 있는 일이니까요. 눈빛만 봐도 아이의 기분을 알아채는 것, 목소리만 들어도 아이의 감정을 읽을 수 있는 것은 엄마만의 슈퍼 능력이 아닐까 싶습니다. 이러한 슈퍼 능력을 십분 활용해 아이의 마음을 알아주고 보듬어주는 엄마표를 해나간다면 아이는 공부가 힘든 것만은 아니라는 사실을 깨닫고, 공부를 통해 더 넓은 세상을 보려고 노력할 것입니다.

아이의 수학 정서를 지키며
변화에 현명하게 대처하는 방법

7살 은수 엄마는 아이가 태어나면 가베와 주산은 꼭 시켜야겠다고 생각했다. 그런데 정작 아이에게 시키려고 보니 새로운 수학 공부 아이템이 너무 많은 것이 아닌가. 연산 학원, 교구 수학, 보드게임 학원 등 세상에 수학을 배우기 위한 곳은 넘쳐났다. 그래도 가베와 주산은 자신이 어릴 때부터 있었던 수학 공부의 원조니까 이게 제일 좋다고 생각하면서도, 요즘 방식으로 다르게 수학을 배우는 은수 친구들을 보니 과연 선택이 맞을지 걱정이 된다. 대체 수학은 왜 자꾸 바뀌는 걸까?

엄마 세대가 초등학교나 국민학교에 다닐 때만 해도 수학 교과서의 이름은 수학이 아니었습니다. '산수'였습니다. 그때는 고학년이 되어서야 수학과 수학 익힘책을 만났는데, 요즘은 1학년부터 수학과 수학 익힘책을 사용합니다. 수학이라는 본질은 변함이 없는데, 가르치는 방식은 시대 변화에 발맞춰 계속 진화해왔습니다. 그리고 교육 과정에 따라 어떤 세대는 학창 시절에 미적분을 배우지 않고 졸업했고, 또 다른 세대는 문과가 이과만큼이나 많은 양의 수학 공부를 한 적도 있었습니다. 또 요즘은 통합이라는 말로 문과와 이과를 구분 짓지 않겠다고 표면적으로는 이야기하고 있습니다. 아이를 낳고 만난 엄마들의 다양한 나이대만큼 배웠던 수학의 내용도 다릅니다. 그래서 더더욱 어지럽고 헷갈립니다.

요즘은 놀이 수학으로 시작해 영재 수학으로 끝나는 유아수학 세상이 눈앞에 펼쳐져 있습니다. 처음에는 아이와 수학을 친하게 만든다는 명목하에 교구와 놀이로 수학 공부를 시작하지만, 7세 끝 무렵이 되면 어느 학원이든 비슷하게 수학 영재를 꿈꾸며 미취학 시기를 마감합니다. 어떤 수학 학원은 한글을 읽지 못하면 레벨 테스트조차 보기 힘들고, 또 다른 수학 학원은 곱셈이 능숙하지 않으면 상담조차 어렵다고 말하기도 합니다. 이것이 요즘 수학의 속도입니다.

세상이 빠르게 변해가는 것이 과연 이상한 일일까요? 저의 학창 시절에도 뉴스에 나올 만큼 선행 학습은 문제가 많았고, 시간이 이렇게나 흘렀는데도 세상은 달라지지 않았습니다. 우리는 학창 시절이나 엄마가 된 지금이나 여전히 선행을, 특히 수학 선행을 문제로 삼고 있고, 오히려 선행 학습의 시작 시점은 예전보다 더 빨라졌습니다. 물론 사람마다 수학 선행의 시작 시점이 빨라진 것에 대해 생각하는 바가 다르겠지만, 저는 세상을 원망하기보다는 세상이 빨라진 만큼 우리도 대비하고 대책을 세우는 것이 낫다고 생각하는 편입니다. 아이를 키울 때 비관적인 사고는 도움이 되지 않는다는 사실, 남들과 다르게 키우는 것이 가장 평범하게 키우는 것만큼이나 어렵다는 사실을 알아버렸기 때문입니다. 그렇다고 지금 당장 수학 선행을 시작하자고 말하는 것은 아닙니다. 그저 세상이 변하고 있다는 사실을 깨달아 귀 닫고 눈감고 지내지 말라는 의미입니다. 엄마라면 누구나 아이를 위해 달라진 요즘 수학을 인지해야 합니다.

엄마가 미취학 아이와 수학 공부를 하다 보면 2가지 각기 다른 생각에 사로잡힐 때가 있습니다.

'아직 나이가 어려서 적당히 공부시키지만, 잘해서 잘 따라 오면 좋겠어.'
'어릴 땐 아무래도 노는 게 최고지. 지금은 많이 놀리지만, 학교 가서 시험 문제는 다 맞았으면 좋겠어.'

이러한 엄마의 이중적 마음은 오히려 아이를 더 힘들게 만들 수 있습니다. 매일매일 놀아도 된다고 하던 엄마가 어느 날 갑자기 "오늘부터 너는 공부를 해야 해!" 하며 문제집을 잔뜩 꺼내는 것도, 지금까지 아무것도 공부시키지 않다가 이것밖에 못하느냐고 타박하는 것도 전부 모순적인 태도입니다.

적어도 지금 이 책을 읽는 엄마라면 아이 교육에 평균 이상으로 관심이 많을 확률이 높습니다. 그렇다면 제가 제시할 수 있는 답은 하나입니다. "세상은 정글보다 더한 경쟁터이니, 아이 또래들이 하는 만큼은 공부를 해두자!"입니다. 공부는 많이 하면 좋을까요? 역으로 한번 묻겠습니다. 놀기만 하면 행복할까요? 노는 게 제일 좋은 뽀로로도 매일이 행복하지는 않았습니다. 무엇이든 적정선을 유지할 때가 제일 좋습니다. 그런데 그 적정선이 어느 정도인지 사실 엄마는 알 수 없습니다. 눈앞에는 내 아이뿐이고, 비교군인 다른 아이들이 어떻게 공부하는지는 민낯이 아닌 인스타 등 SNS를 통해 보거나, 자주 가는 맘카페나 교육 정보 카페를 통해서 보는 것이 전부이니 말입니다.

이제는 유아라도 솔직히 아무것도 안 할 수는 없습니다. 유치원 수업 커리큘럼만 봐도 교구 수학이 나옵니다. 엄마도 집에서 아이의 수학적 역량을 키울 수 있는 활동을 해줘야 합니다. 그리고 7세만 되어도 대형 사고력 수학 학원에 가기 위해서는 레벨 테스트를 봐야 합니다. 레벨 테스트를 보려면 아이 스스로 문제를 읽고 풀어낼 능력이 있어야 하는데, 아직은 어린 7세 아이들이 생각보다 꽤 잘해내는 경우를 많이 봤습니다. 그렇다고 해서 문제도 못 읽는 7세가 늦은 것일까요? 아닙니다. 아이들의 역량은 각자 다르며, 그 역량 안에서 최선을 끌어내주는 것이 엄마가 해야 할 역할입니다. 엄마가 본인의 학창 시절에 경험했던 수학 진도 및 선행에 대한 부정적인 인식에 빠져 지금 아이의 속도를 무시하는 일은 하지 말아야 할 것입니다.

아이와 수학 공부를 함께하겠다고 결심한 엄마라면 이렇듯 수학과 세상의 변화 속에서 현명하게 대처해야 합니다. 그리고 이때 무엇보다 가장 신경 써야 할 것도 당연히 아이의 수학 정서입니다. 변화 속에서 아이의 긍정적인 수학 정서를 지켜줘야 아이에게도 엄마를 따라올 힘이 생깁니다. 진정한 힘은 편안한 마음에서 나오기 때문입니다.

"무엇을 가르쳐줄까?" 대신
"오늘 너에게 무슨 일이 있었니?"

7살 준희 엄마는 옆집 엄마의 소개로 유명한 공구 카페에 가입했다. 그 곳에서는 아이들 문제집부터 교구까지 없는 것을 찾기가 힘들 정도였다. 여기서 좋다는 것을 따라 사서 하기만 해도 우리 아이 공부는 앞으로 별다른 문제없이 탄탄대로겠구나, 싶었다. 하나둘 사 들이면서 어떻게 공부할지 치밀한 계획도 세웠다. 수학 문제집이 도착하던 날, 엄마는 아이가 오늘따라 빨리 집에 왔으면 하고 기다려졌다. 얼른 이 책을 뜯어 아이와 함께하고 싶었다. 준희가 돌아오자마자 간식을 먹이고 미리 준비한 페이지까지 공부했다. 처음 보는 책이라 그런지 준희도 흥미를 보이며 즐겁게 공부 시간을 보냈다. 이대로만 계속하면 학원을 안 보내도 수학은 문제가 없을 것만 같았다. 며칠이나 했을까? 준희가 거부하기 시작했다. 도대체 왜 이러는 걸까?

엄마표로 아이에게 공부를 시키겠다고 마음을 먹으면 대다수 엄마가 계획을 짜고 스케줄부터 적습니다. 아이가 얼마나 감당할 수 있는지도 모른 채 꽤 많은 양의 진도를 잡고, 마치 과외 선생님이 된 것처럼 수업 준비를 합니다. 물론 이러한 일이 적성에 맞는 엄마도 있지만, 대부분의 엄마는 하루 이틀 만에 지치고 맙니다. 엄마가 지치지 않으면 아이가 지치기도 합니다. 같은 곳을 향해 열심히 달려가도 모자랄 시기에 서로 번갈아가며 지치다 보면 진도는 끝날 기미가 보이지 않습니다. 그렇게 처음에는 열정적으로 공부하다가 이내 덮어놓은 문제집만 해도 벌써 여러 권일 겁니다. 누가 잘못해서 우리는 이렇게 힘든 것일까요?

사실 누구에게도 잘못이 없습니다. 문제집을 사 들이고 계획을 세우고 스케줄을 짠 엄마의 열정이 잘못이라고 말하고 싶지는 않습니다. 저는 그동안 이런 엄마들이 있었기에 우리나라가 이만큼 발전했다고 생각하는 사람이니까요. 그렇다고 아이한테 끈기가 없다고 말하고 싶지도 않습니다. 아이는 아직 어리고 이제 끈기와 성실함을 배워야 할 때니까요. 그저 엄마와 아이가 서로의 감정을 알아채지 못했을 뿐입니다.

아이와 공부할 때 무엇을 가르쳐줄지에만 초점을 맞추면 엄마로서는 그저 하지 않으려고 하는 아이가 답답하고 화가 납니다. 하지만 이때 엄마가 아이의 마음을 충분히 공감해준다면 아이는 아무리 힘들어도 버텨내기 위해 노력합니다. 아이와 엄마표로 공부할 때는 "무엇을 가르쳐줄까?"보다는 "오늘 너에게 무슨 일이 있었니?"가 먼저입니다. 당연히 수학도 마찬가지입니다. 수학은 공부하면 할수록 끈기와 용기를 요구하는 과목이기 때문입니다. (생각해보세요. 연산 문제집은 비슷한 내용을 계속 풀어야 하고, 더하기를 충분히 알아야 같은 수를 여러 번 더하는 곱하기를 할 수 있는 것처럼 배운 내용이 꼬리에 꼬리를 물고 등장합니다.)

괴물과 싸우러 나가는 영웅이 있다고 생각해봅시다. 아이들이 즐겨 보는 애니메이션에 등장하는 영웅 곁에는 대개 묵묵히 지켜봐주는 누군가가 있습니다. 그들은 영웅에게 용기를 주지만, 때에 따라서는 시련을 주기도 합니다. 그러한 시련을 통해 영웅은 깨달음을 얻고 성장해나갑니다. 그뿐만 아니라 영웅이 살아가는 데 필요한 지혜를 주기도 합니다. 엄마가 깨달아야 하는 지점입니다. 아이가 수학을 좋아하게 하려면, 즉 아이에게 긍정적인 정서를 심어주고 지켜주려면, 진도만 보고 달리는 실현 불가능한 계획을 세우는 것은 좋지 않습니다. 그렇기에 엄마는 아이의 몇 안 되는 시간을 공부로 가득 채운 **빡빡한 스케줄**을 짜기보다는 수학에 대한 지혜를 줄 수 있는 존재가 되어야 합니다. 이렇게 아이를 지켜봐주고 함께해주다 보면 어느새 수학은 잘하게 되기 마련입니다.

그런데 엄마는 왜인지 아이를 지켜보는 일에 인색합니다. 아주 어릴 때는 아이가 무엇을 하든 충분히 지켜보고 도움을 줬는데, 조금 크면서부터는, 정확히는 공부라는 것을 시작하면서부터는 충분히 지켜보지 못한 채 초조하고 조급해합니다. 엄마는 아이가 어떤 활동을 할 때 얼른 그것을 정해진 시간 안에 끝

내기만을 바랍니다. 그래야 자신이 야심 차게 준비한 다음 활동을 할 수 있으니까요. 초등학교 입학 전에 접하는 유아기 수학은 엄마에게는 매우 쉽게 느껴지며 교구 활동이 많아 눈에도 잘 보입니다. 그러다 보니 당연히 아이가 빠르고 수월하게 받아들이리라 생각하지만, 역시 당연히 그러지 못할 수도 있습니다. 그런가 하면 어떤 아이는 새로운 수학적 활동을 할 때 꽤 많은 시간이 필요할 수도 있습니다. 무엇이든 처음 배우는 일은 어색하고 힘들기에 더 많은 시행착오를 겪고 깨달을 때까지 기다려줘야 합니다.

엄마표로 수학 공부를 하기로 했다면 항상 아이가 모른다는 전제에서 시작해야 하며, 가르쳐준다기보다는 엄마인 내가 아이한테 좋은 환경을 제시하고 기다려준다는 마음을 가져야 합니다. 제가 이렇게 이야기해도, 사실 당장 마음이 급한 엄마의 귀에는 들어오지 않을지도 모릅니다. 그래서 이어지는 내용에서는 미취학 아이의 긍정적인 수학 정서를 지키며 수학 효능감을 최대치로 끌어올려줄, 엄마표 수학 공부 계획을 세우는 방법과 스케줄 짜는 방법을 구체적으로 공유하려고 합니다.

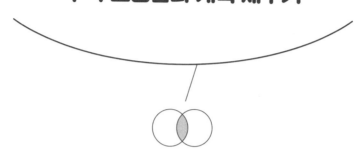

수학 공부의 꽃,
수학 효능감과 계획 세우기

세상에는 정말 다양한 수학 로드맵이 존재하지만, 그중에서 어떤 로드맵이 우리 아이와 맞는지는 실제로 일일이 해보지 않으면 잘 모릅니다. 엄마는 수학 전문가가 아니기에 매일 공부를 하면서도 불안감을 숨길 수가 없습니다. 이러한 불안감은 드러내지 않으려고 갖은 애를 써도 감기처럼 어느 순간 드러납니다. 그러면 엄마는 본능적으로 아이에게 불안감을 쏟아냅니다. 아이는 그 불안감을 먹고 자신감이 사라지는 악순환이 반복됩니다. 문제를 풀다가 아이가 틀리기라도 하면 '혹시 나랑 공부해

서 그런 건가?' 싶고, 아이가 하기 싫다고 투정을 부리는 날이
면 '내가 이렇게 공부시켜서 아이가 질리다고 하면 어쩌지?'라
고 생각합니다. 단지 공부하는 것뿐인데 왜 이런 생각까지 하나
정말 많은 고민을 해봤지만, 결론은 아이에게 과거의 나를 투영
시켜 혹여 나처럼 되지는 않을까 염려했기 때문인 것 같습니다.
저는 미취학은 아직 어린아이들이니, 우선은 먼 미래까지의 걱
정은 되도록 내려놓자고 이야기하고 싶습니다. 그리고 지금 내
가 아이와 무엇을 위해 공부하는지, 왜 공부하는지에 대해 다시
생각해보기를 바랍니다.

　제가 아이들과 공부했던 이유는 과연 무엇이었을까요? 좋
은 학교에 다니기 위해서? 좋은 학원을 보내기 위해서? 학교에
서 1등을 하기 위해서? 다 아니었습니다. 저는 아이들을 홀로서
기가 가능한 어른으로 키우고 싶었고, 그렇다면 배움을 게을리
해서는 안 된다는 생각이 있었습니다. 그리고 이왕 배우는 활동
이라면 조금 더 체계적으로, 조금 더 아이 맞춤으로 해주고 싶
었습니다. 하지만 계획이 너무나 거창했던 나머지 생각보다 빠
르게 무너졌습니다. 아이의 상황이나 감정을 고려하지 않은, 일
주일간 빠르게 진도를 나가거나 하루 만에 수학 개념을 익히는
등의 계획이 아이를 힘들게 했기 때문입니다. 그러고 나서 아이
와 공부할 때는 그렇게 거창한 계획이나 비장한 각오보다는 융
통성과 유연함이 더 필요하다는 사실을 얼마 지나지 않아 깨달

았습니다.

엄마가 아이와 공부하며 융통성과 유연함을 발휘할 때 아이에게는 '내가 이것을 충분히 잘할 수 있겠다는 힘'이 생깁니다. 엄마에게 융통성과 유연함이 있다면 공부하다가 어렵거나 포기하고 싶은 내용을 만나더라도 상황에 맞춰 부드럽게 이끌어주기 때문입니다. 수학 효능감은 이렇게 싹이 트고 자라납니다. 제가 아이의 수학 효능감을 키워주기 위해 어떤 방법으로 어떻게 공부 계획을 세웠는지 이야기해보겠습니다.

수학 효능감을 위한 공부 계획 1단계
아이의 수준 파악하기

지피지기 백전불태知彼知己 百戰不殆는 아이 교육에도 적용됩니다. 미취학이라 하더라도 엄마가 효율적으로 가르치고 아이가 제대로 배우려면 아이의 현재 수준을 객관적으로 정확하게 파악해야 합니다. 그래야 아이의 수준에 맞춰 효과적인 공부 계획을 세울 수 있기 때문입니다. 아이의 수준을 파악하면 적어도 '수양일치가 잘 안 되는데 덧셈을 가르치는 상황', '이미 뺄셈까지 할 수 있는데 처음부터 차근차근하겠다며 수양일치부터 가르치는 상황'은 미리 방지할 수 있습니다. 다시 말해 엄마 머릿속 진도 중심이 아닌, 아이 중심적이고 친화적인 공부 계획을 세우는 데 아이의 수준 파악이 절대적이라는 것입니다. 하지만 모든 미취학 아이가 수준을 파악할 수 있는 상태는 아닙니다. 6,7세 정도는 되어야 학원 또는 경시대회 등 시험을 통해 진정한 의미에서의 수준 파악이 가능합니다. 단, 테스트를 보고 나서 엄마가 아이에게 결과에 따라 실망하거나 그러한 감정을 표출할 우려가 있다면 아예 하지 않기를 권합니다.

아이의 수준 파악법

	테스트보다는 엄마와의 관계가 먼저
5세	이제 막 수학을 시작한 아이라면 엄마와 함께하는 수학 공부에 조금 더 매진하기를 바랍니다. 지금은 테스트를 보는 것이 크게 의미도 없고, 그 결과가 아이의 전부를 나타낸다고 볼 수도 없기 때문입니다.
	그동안 잘해왔는지 한 번쯤 확인하기
6세	5세 시기를 거치면서 엄마와 함께 수학 공부를 조금이라도 해본 아이라면 한 번쯤은 가볍게 테스트를 봐도 무방합니다. 테스트를 볼 수 있는 곳이 많은 편은 아니지만, 그래도 어느 정도 수준인지 파악 가능한 정보는 얻을 수 있습니다. 한글은 잘 읽지 못해도 괜찮습니다. 테스트할 때 선생님이 도와주기 때문입니다. 혹시 결과가 기대에 미치지 못하면 '더 열심히 하면 되겠다', 잘 나왔다면 '우리 잘해왔구나!' 하는 마음으로 가볍게 넘겨도 됩니다.

7세	**레벨 테스트 후 구체적인 결과가 유의미해지는 시기**
	레벨 테스트를 치르는 수학 학원에서 '꽃'이라 여겨지는 나이로, 가장 많은 수의 아이들이 엄마와 함께 레벨 테스트를 보러 다니는 때입니다. 한글을 어느 정도는 스스로 읽고 쓸 줄 알아야 하며, 이를 바탕으로 문제 역시 스스로 읽고 풀 수 있어야 합니다. 5,6세와는 달리 이때부터는 순전히 아이 본인의 실력으로 얻는 결과이기에 엄마는 더 초조하고 불안할 수밖에 없습니다. 하지만 크게 염려하지 않아도 됩니다. 7세의 테스트 결과도 추후 충분히 극복할 수 있으며, 수학에서 어느 부분이 약한지 조금 더 구체적으로 결과지를 받을 수 있는 나이이기에 한 번쯤 테스트를 보러 가는 것을 권합니다.

유명 프랜차이즈 사고력 수학 학원 중에는 6,7세부터 테스트가 가능한 곳이 있습니다. 시험비용은 대략 2만 원 내외이고, 가끔 특별 할인 기간이 있거나 무료 체험이 가능한 경우도 많으니, 이러한 이벤트를 놓치지 않고 이용하면 더 좋을 것 같습니다.

학원 레벨 테스트

와이키즈 (창의사고력 유아수학 전문)	- 홈페이지: whykids.co.kr/math - 6세부터 테스트 가능하며 가장 높은 반은 PSM^{Problem Solving Math} - 이벤트 기간 레벨 테스트 신청 시 무료

아담리즈수학 (융합사고력)	- 홈페이지: mathplay.co.kr - 4세부터 테스트 가능하며 지점별로 비용 상이
CMS영재교육 센터(사고력)	- 홈페이지: cmsedu.co.kr - 7세부터 테스트 가능하며 가장 구체적인 결과지 제공
소마사고력수학	- 홈페이지: new.somai.co.kr - 6세부터 테스트 가능하며 지점별로 비용 상이 - 결과지 제공 여부 사전 문의 필요

※ 지역 및 지점마다 테스트 연령의 편차가 다르기에 홈페이지를 통해 집에서 가장 가까운 지점을 찾아 꼭 전화 접수 후에 방문하세요.

온라인 접수 테스트

HME 해법수학 학력평가	- 홈페이지: hme.chunjae.co.kr - 매년 6월, 11월 개최, 온라인과 오프라인 평가 중 선택 - 7세는 초1 과정으로 응시 - 성적을 조회할 수 있으며 시상도 진행 - 응시료는 4만 원(2023년 6월 평가 기준)
비상교육 TESOM 수학학력평가	- 홈페이지: tesom.co.kr - 매년 6월, 11월 개최, 오프라인 평가 - 7세는 초1 과정으로 응시 - 성적을 조회할 수 있으며 시상도 진행 - 응시료는 3만 원(2023년 6월 평가 기준)

수학 효능감을 위한 공부 계획 2단계
아이의 스케줄 확인하기

요즘 아이들은 매우 바쁩니다. 수학도 수학이지만, 태권도, 피아노, 미술 등 예체능도 해야 하고, 7세부터는 본격적으로 영어 학원에 다니기도 합니다. 또 어린이집이냐 일반 유치원이냐 영어 유치원이냐에 따라 하원 시간이 제각기 다르다 보니 집에서 쓸 수 있는 시간도 다릅니다. 그러나 아이의 시간만 고려할 수는 없는 실정입니다. 맞벌이라면 엄마의 스케줄도 고려해야 하고, 동생이 있다면 동생의 수면이나 활동 시간도 고려해야 합니다. 왜 이렇게 스케줄 확인을 해야 하는 걸까요? 하루 중 우리 아이가 얼마나 공부 시간을 확보할 수 있는지 파악하는 겁니다.

공부 시간이라고 하니 굉장히 거창하게 느껴지겠지만, 쉽게 말해서 '엄마가 아이와 함께 앉아서 공부할 수 있는 시간'이라고 생각하면 됩니다. 엄마가 맞벌이면 공부 시간을 낮으로 잡을 수 없고, 어린 동생이 있다면 엄마가 동생을 돌봐야 해서 공부 시간을 하원 후 전부로 잡을 수가 없습니다. 이러저러한 이유로 공부 시간으로 쓸 수 있는 시간이 적다고 해도 그 시간을 잘만 활용한다면 어쩌다 한번 시간을 내어 공부하는 집보다는 나을 것입니다. 매일매일 꾸준한 시간을 낸다는 것은 정말 어려운 일이니까요.

실제로 저 또한 큰아이 기준으로 5살 때는 아무것도 해줄 수가 없었습니다. 그전에는 주로 동생이 자는 시간에 아이와 공부를 했는데, 동생이 커갈수록 잠이 줄어들었기 때문입니다. 아이, 동생, 저, 남편까지 온 가족의 시간을 전부 고려해야지만 아이의 공부 시간을 확보할 수 있는 상황이었습니다. 그때 만약 제가 무리하게 아이를 끌고 가려고 했다면 오히려 제가 먼저 스트레스로 쓰러졌을지도 모릅니다. 엄마표 공부를 하며 지치는 사람은 아이가 아니라 엄마일 확률이 더 높습니다. 다행히 저는 저를 잘 알았고, 또 그때의 상황을 잘 알았기 때문에 마음을 비우고 우리의 속도대로 나아갔습니다. 물론 그러다 보니 잃은 부분도 있었고, 또 얻은 부분도 있었습니다. 하지만 얻은 것이 훨씬 많았다고 생각합니다. 절대적인 공부 시간이 적어 진도를 많이 나갈 수는 없었지만, 아이의 수학 정서만큼은 긍정적으로 잘 지켜줄 수 있었습니다. 그리고 그때부터 아이에게 수학 효능감이 조금씩 자라나지 않았나 싶습니다.

엄마인 나의 인생과 아이의 인생은 누가 먼저 살아왔느냐의 차이일 뿐이지 삶의 지론에서는 차이가 없습니다. 일장일단, 어떤 순간도 장점이 하나 있으면 단점이 하나 있다는 말처럼 말입니다. 불가능한 것을 꾸역꾸역하기 위해 무리하는 대신에 마음을 비우고 온 가족의 스케줄을 고려해 우리에게 어느 정도 공부 시간이 허락되는지를 파악해봅시다. 대략적인 시간이어도 좋고,

2~4시, 6~8시 등 구체적인 시간이어도 좋습니다. 현실적으로 쓸 수 있는 시간을 안다는 것은 그 시간을 얼마나 효율적으로 구성할 수 있는지에 대한 첫걸음이기 때문입니다.

그런데도 하루 중 쓸 수 있는 시간을 생각하기가 어렵다면 5세는 최소 30분, 6세는 50분, 7세는 1시간 정도를 확보한다고 생각하면 됩니다. 엄마는 아이의 나이에 따라 하루에 30분을, 50분을, 1시간을 언제 쓸 수 있을지 고민한다면 조금 더 구체적으로 시간을 채우는 데 도움이 될 것입니다.

수학 효능감을 위한 공부 계획 3단계
구체적인 주간 계획 쓰기

엄마가 아이와 처음으로 공부를 시작할 때는 거창하게 한 달, 두 달의 계획을 세우기보다는 일주일 단위로 세웁니다. 초등학교 입학 전에는 아이가 아직 어리기에 하루 단위로 빡빡하게 계획을 세우면 오래갈 수 없고, 한 달 이상으로 거창하게 계획을 세우면 상황이 바뀔 때(아이가 아프거나 엄마에게 일이 생겼을 때) 유연하게 대처하기가 쉽지 않기 때문입니다. 다음은 주간 계획의 예시입니다.

월(날짜)	화(날짜)	수(날짜)	목(날짜)	금(날짜)
• 숫자 읽기 • 연산 공부 • 한글 읽기	• 숫자 읽기 • 연산 공부 • 한글 읽기	• 숫자 읽기 • 연산 공부 • 한글 읽기	• 숫자 읽기 • 연산 공부 • 한글 읽기	• 숫자 읽기 • 연산 공부 • 한글 읽기

　　주간 계획을 세우고 나서 하루하루 계획에 따라 공부를 실행해봅니다. 예시는 뭉뚱그려서 작성했지만, 사실은 조금 더 구체적으로 쓰는 것이 계획표를 유지하기가 수월합니다.

- 숫자 읽기 → 벽보 2번
- 연산 공부 → 문제집 1쪽
- 한글 읽기 → 동영상 2편

　　구체적으로 적지 않으면 해도 한 것 같지 않고, 무엇을 했는지 그다음에 기억이 잘 나지 않습니다. 그러므로 주간 계획을 작성할 때는 실제로 우리 집에서 하는 것들을 최대한 구체적으로 반영합니다.

월(날짜)	화(날짜)	수(날짜)	목(날짜)	금(날짜)
• 숫자 읽기 → 벽보 2번 • 연산 공부 → 문제집 1쪽 • 한글 읽기 → 동영상 1편	• 숫자 읽기 → 벽보 1번 • 연산 공부 → 문제집 1쪽 • 한글 읽기 → 동영상 2편	• 숫자 읽기 → 벽보 2번 • 연산 공부 → 문제집 1쪽 • 한글 읽기 → 동영상 1편	• 숫자 읽기 → 벽보 1번 • 연산 공부 → 문제집 1쪽 • 한글 읽기 → 동영상 2편	• 숫자 읽기 → 벽보 2번 • 연산 공부 → 문제집 1쪽 • 한글 읽기 → 동영상 1편

공부를 하다 보면 당연히 변수가 생깁니다. 이때 하지 못한 부분은 어떻게 해야 할까요? 예를 들어 수요일 분량을 다 하지 못한 채 목요일을 맞았다면 목요일 분량을 하기보다는 수요일에 하지 못한 부분부터 할 수 있는 만큼 해나갑니다. 금요일까지 다 하지 못한다면 토요일에 보강해도 좋습니다.

주간 계획을 세워서 금요일까지 다 실천했다면 주말은 아이와 노는 날이 되어야 합니다. 저는 이 부분을 절대적으로 지키고 있는 편입니다. 어른인 저도 쉬는 날을 좋아하는데, 하물며 아이는 오죽할까요? 쉼을 보장하는 일은 무조건 중요하다고 생각합니다. 특히 초등학교 입학 전은 놀면서 배우는 것이 많은 시기이기 때문에 노는 일은 절대적으로 필요합니다. 에버랜드에 가면 로스트밸리에서 이런 노래가 항상 나옵니다. "노는 게 힘~" 저는 이 노래를 들을 때마다 누가 만들었는지는 모르지만 제대로 만들었다고 생각합니다. 앞서 말했듯이 미취학 시기는 정말 절대적으로 노는 것이 중요한 때입니다. 하지만 시대의 흐름이 빨라진 만큼 무조건 놀기만은 할 수 없으니 주말이라도 마음 편히 놀 수 있도록, 엄마도 아이 공부에서 벗어날 수 있도록 제대로 쉬는 것도 지속하는 힘입니다. 주말까지 수학을 위해 공부를 한다면 진도는 빠를지 몰라도 아이의 수학 정서가 무너지고 수학이 싫어지는 지름길이 될 것입니다.

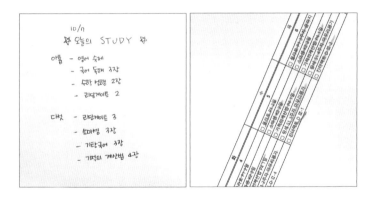

일간 계획과 주간 계획 작성 예시

주간 계획을 4주간 실행해보면 잘 되는 일과 안 되는 일이 있습니다. 싫어하거나 좋아하는 활동이 명확해집니다. 엄마표로 공부하는 가장 큰 장점은 수정이 쉽다는 것입니다. 동시에 단점은 수정이 쉽기에 포기가 빠르다는 것입니다. 반드시 해야만 하는 일이어도 말입니다. 무엇이든지 장단이 있습니다. 그래도 수정해서 채워나가고 변화를 주고 진화해간다면 어느새 계획표는 실행 결과표로 바뀌어 있을 것입니다. 하나씩 실행 결과표가 쌓일수록 아이의 수학 효능감이 자라나는 건 시간문제일지도 모릅니다.

엄마표 수학 도우미

요즘은 엄마표로 수학을 공부하기가 정말 편리합니다. 물론 수학뿐만 아니라 다른 과목도 마찬가지겠지만요. 블로그, 인스타그램 등 여러 SNS에 자기 경험을 공유하는 선배맘들도 많고, 가진 자료를 무료로 나누며 다 같이 열심히 공부해보자고 독려하는 선생님들도 늘어났습니다. 가끔은 이렇게 넘쳐나는 정보가 부담스러울 때도 있지만, 역설적이게도 이렇게 많은 정보 덕분에 조금 더 앞으로 나아갈 때도 있습니다. 다음은 제가 수학 교육 인플루언서이자 문제집 큐레이터로서 정리한 엄마표 수학을 효율적으로 할 수 있도록 도와주는 사이트와 카페입니다.

엄가다는 이제 끝! 활용 만점 무료 사이트

지금으로부터 불과 5년 전만 해도 육아 잡지를 보면서 엄마표 학습 자료를 직접 만들고 따라 하던 엄마들이 많았습니다. 그리고 그렇게 하나하나 자료와 교구를 만드는 과정을 '엄가다(엄마표+노가다)'라고 불렀습니다. 엄가다를 하면 소요되는 물리적인 시간도 시간이지만, 이렇게까지 내가 공들여서 만들었는데 흥미가 없는 아이를 마주했을 때 고생한 과정이 떠올라 화가 나기도 합니다. 그래서 저는 엄가다를 되도록 하지 말라고 합니다. 발 빠른 세상이 벌써 엄마의 그런 마음을 눈치챘는지 다양한 자료를 무료로 제공하는 곳들이 많이 생겼습니다. 저는 그중에서 유용한 워크지를 제공하는 사이트를 소개하고자 합니다.

 기탄교육 빵가게(gitan.co.kr/Goods/Worksheets)

엄마표 수학 연산 문제집의 시조 격인 '기탄수학' 시리즈를 출간한 기탄교육에서 운영하는 사이트에는 무료 워크지 자료가 많습니다. 기탄교육 사이트에 접속해 상단 '무료나눔' 탭을 눌러서 나오는 '빵가게'에 들어가면 자유롭게 프린트해서 쓸 수 있는 워크시트가 다양합니다. 생후 18개월부터 초등 3학년까지의 워크시트가 준비되어 있으나, 저는 개인적으로 7세 이하 미취학 연령을 위한 자료를 추천합니다. 숫자 익히기, 덧셈과 뺄셈 등 여러 영역으로 구성되어 있고, 파일이 PDF 형식이라 태블릿에 넣어서 사용할 수도 있습니다. 그뿐만 아니라 시계 보기, 돈 계산하기 등 문제집이라고 하기에는 모호한 영역에 대한 워크지도 있어 수학 공부의 확장이 가능합니다. 전체적으로 국내 정서에 맞춰서 만들어졌으며, 아이들이 활용하기에 적정한 양과 글자 크기로 구성되어 적극적으로 활용하면 분명 도움이 될 것입니다.

 미래엔 맘티처(mom.mirae-n.com)

전 과목을 망라한 엄마표 학습에 아주 유용한 사이트입니다. 수학부터 한글, 영어, 한자, 창의 미술, 과학 탐구까지 말 그대로 미취학 시기에 필요한 모든 워크지가 있다고 해도 무방할 정도입니다. 그중에서 제일 마음에 드는 부분은 동화와 학습지가 만나는 '맘튜브' 코너입니다. 학습 동영상으로 보고 나서 관련 학습지를 풀어보기만 하면 되니, 엄마는 설명하기 좋고, 아이는 이해가 수월해져서 조금 더 쉽게 엄마표 학습을 할 수 있도록 도와줍니다. 2세부터 6세까지 미취학 아이들에게 유용한 자료가 넘치게 있습니다. 다만, 자료는 프린트만 가능하고 저장은 불가능합니다. 물론 아쉬운 점이지만, 양질의 자료를 이렇게 무료로 제공한다는 것만으로도 고마울 따름입니다.

 일일수학(11math.com)

일일수학은 미취학 중 연산을 연습해야 하는 아이와 그것을 시켜야 하는 엄마에게 유용한 사이트입니다. 엄마가 아이와 함께 연산을 공부하다 보면 어느 한 부분이 유독 안 되는 순간을 마주할 때가 있습니다. 그렇다고 연산 문제집을 처음부터 다시 보자니 좀 부담스럽고, 또 안 하고 넘어가자니 좀 찝찝한 마음이 들 때 이용하면 좋은 사이트입니다. 한마디로 연산 학습의 보강이 필요할 때 좋은 사이트라고 생각하면 됩니다. 사이트에서 제공하는 연산 문제지 상단의 QR 코드를 스캔하면 태블릿, 휴대폰 등의 기기에서도 볼 수 있고, 프린트도 할 수 있습니다. 군더더기 없이 수학 문제만 손쉽게 이용할 수 있도록 구성되어 편리합니다.

출판사에서 운영하는 학습 가이드 카페

문제집을 만드는 출판사는 정말 많습니다. 그중에서 수학을 전문으로 하는 출판사의 경우, 대개 엄마표 학습을 위한 카페를 운영합니다. 이런 카페를 '가이드 카페'라고 하는데, 이곳에 가보면 문제집 활용법을 알려주는 것은 물론, 다 같이 미션을 수행하며 문제를 풀 수 있도록 동기를 부여하는 이벤트를 열기도 합니다. 한마디로 독자들이 카페를 이용해 문제집을 조금 더 다양하고 확실하게 공부할 수 있도록 돕기 위해 노력합니다. 그리고 어려운 문제를 질문하면 답변해주는 코너가 있어 직접 문제를 만든 저자와 자유롭게 의견을 나누는 창구가 되어주기도 합니다.

학습 가이드 카페 리스트

필즈엠(씨투엠에듀)	cafe.naver.com/fieldsm
에듀히어로(에듀히어로)	cafe.naver.com/eduherocafe
디딤돌 동행맘(디딤돌)	cafe.naver.com/didimdoltogether
튠맘 학습연구소(천재교육)	cafe.naver.com/tunemom
천종현수학연구소(천종현수학연구소)	cafe.naver.com/maths1000

각각의 카페마다 스타일은 다르지만, 운영 의도는 같습니다. 문제집만 공부해서는 부족한 영역을 어떻게든 채워주고 싶어 한다는 것입니다. 게다가 서포터즈도 종종 시행해 시기를 잘 맞춘다면 문제집 비용을 절약할 수도 있습니다. 문제집과 더불어 적극적으로 활용한다면 아이와 엄마표 학습을 진행하는 데 큰 도움을 받을 수 있을 것입니다.

2장

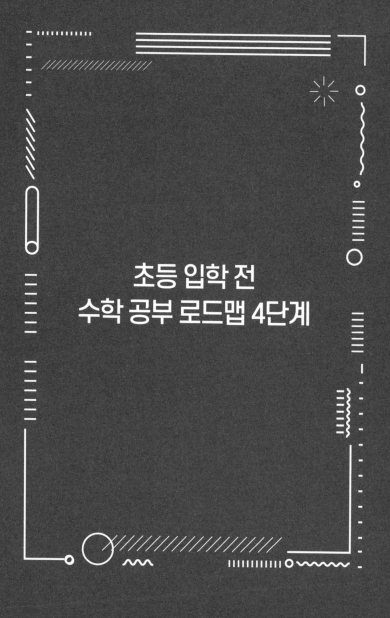

초등 입학 전
수학 공부 로드맵 4단계

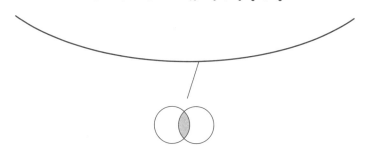

로드맵 1단계
수학 기초 체력 키우기

이제부터 제대로 수학을 공부시키겠다고 마음먹고 아이를 쳐다보면 '과연 이 아이가 책상 앞에 앉아서 문제집 한 장이나 제대로 풀어낼까?' 싶은 순간을 마주합니다. 아직 너무 어리기만 한 것 같아서 시작할 엄두도 못 내는 경우가 사실은 더 많을지도 모릅니다. 아이가 조금이라도 관심과 흥미를 보이는 수학 관련 책이나 교구(숫자 자석, 수 배열판, 수 세기 교구 등) 등을 찾아 이것저것 계속 시도하다 보니 왠지 모르게 같은 내용을 반복하는 기분도 지울 수가 없습니다. 물론 처음으로 수학 공부를 시작할 때 아이의 관심과 흥미가 중요한 건 당연한 사실입니다. 하지만 조금 더 효율적으로 미취학 아이와 수학 공부를 진행하기 위해서 우리는 반드시 준비해야 할 것이 있습니다. 바로 '수학 기초 체력'입니다. 수학 기초 체력이란, 본격적으로 수학 공부를 시작하기 전에 꼭 갖춰야 할 기본 능력입니다. 제가 생각하는 초등 입학 전 반드시 키워야 할 수학 기초 체력은 다음과 같이 3가지입니다.

- 운필력(쓰는 힘에서 수학 실력이 싹틉니다.)
- 한글(수학 공부의 또 다른 출발점입니다.)
- 한자(수학 개념과 용어를 제대로 배우고 익히기 위한 밑바탕입니다.)

수학 기초 체력 없이 무턱대고 수학 공부를 시작하면, 결국 갖추지 못한 수학 기초 체력이 중요한 순간에 아이의 발목을 잡아 더 이상 진도를 나가지 못하는 경우가 생기기도 합니다. 그때 다시 그것들을 채우기 위해 되돌아가는 순간, 지금까지 아이와 지지고 볶으며 애써 해온 수학 공부가 허무해지는 경험을 하게 될 수도 있습니다. 이를테면 이제 수를 어느 정도 익히고 더하기의 개념도 잘 이해해서 기초 연산을 쭉쭉 진행해보려고 하는데, 아이에게 운필력이 부족하다면 끈기 있게 연산을 진행하기가 힘듭니다. 이러한 상황을 방지하려면 우리는 제대로 된 수학 공부를 시작하기 전에 반드시 워밍업, 즉 아이의 수학 기초 체력을 키워줘야 합니다. 그러면 수학 공부를 멈추지 않고 쭉 해나갈 수 있고, 엄마도 아이도 힘이 덜 들기 때문에 어떤 문제든 더 잘 해결해낼 수 있을 것입니다.

수학 기초 체력 ① 운필력
쓰는 힘에서 싹트는 수학 실력

6살 하민이 엄마는 요즘 깜짝 놀라는 중이다. 수학 학원에 등록했더니 수학 일기를 써오라고 하는 것이다. 겨우 6살인데, 그림일기도 아니고 수학 일기를? 정말 말이 안 된다고 생각해서 못 쓰겠다고 말했지만, 정작 돌아서서는 찜찜했다. '다른 엄마들도 당연히 못 쓰겠다고 했겠지?'라고 생각하고 그다음 주에 학원에 갔더니 하민이만 빼고 다 써온 게 아닌가… 생각했던 만큼의 수준 높은 일기는 아니었지만, 삐뚤빼뚤 뭐라도 애써서 써온 아이들을 보니 지금부터라도 쓰기를 시켜야 하나 고민스럽다.

엄마는 아이를 키우면서 정말 수만 가지 힘ヵ을 마주칩니다.

그중에서 미취학 시기에 책이든 영상에서든 유독 많이 보이는 힘이 있다면 단연 '운필력運筆力'일 것입니다. 운필력이란 '글씨를 쓰거나 그림을 그리기 위해 붓을 놀리는 힘'이라는 뜻입니다. 지금은 붓 대신에 대중적으로 연필을 사용하니, 연필을 놀리는 힘이라고 이해하면 될 것 같습니다.

아이와 공부를 하다 보면 막상 듣고, 읽고, 말하는 활동만으로는 한계에 부닥칩니다. 스티커로 가득한 학습지를 들어간다고 해도, 교구 수학을 배운다고 해도 쓰는 활동이 나오지 않는 경우는 거의 없습니다. '쓰기'는 어쩌면 공부라는 행위에 속한 가장 마지막 활동이자 완성형의 모습이 아닐까 싶습니다. 공부하면 할수록 써야 하는 활동이 늘어나는데, 이때 운필력이 뒷받침되지 않으면 그다음 진행이 많이 힘들어집니다. 뭔가를 쓸 때마다 아이가 짜증을 내니 엄마는 이런 상황을 피하고 싶고, 아이는 괴롭기만 합니다. 공부가 재미없고 힘들어지는 여러 원인 중 하나가 될지도 모릅니다.

이런 이유로 미취학 시기에 수학 기초 체력으로써 운필력을 탄탄하게 키워두면 다양한 방면으로 공부의 확장이 가능하고, 쓰기도 수월하게 진행이 됩니다. 이른바 숫자보다 글자가 더 많은 스토리텔링 수학이 등장하고, 이에 따라 문해력 역시 강조되면서 요즘 아이들은 서술형 문제를 점점 더 많이 접하고 있습니다. 사실 엄마 세대 때처럼 시험에 사지선다나 오지선다의 문제만 나온다면 솔직히 일찍부터 운필력을 키우기 위해 쓰기 연습을 하지 않아도 될 것입니다. 하지만 앞서 언급했듯이 요즘 수학은 예전과는 확실히 다릅니다. 잘 써야 합니다.

운필력을 갖춘 아이와 이제 막 처음으로 연필을 잡고 글씨를 쓰는 아이, 둘이 있다고 가정해봅시다. 수학 공부를 하다가 서술형 문제를 만났을 때 자기 생각을 힘들이지 않고 자연스럽게 적는 아이는 누구일까요? 이미 우리는 답을 알고 있습니다. 운필력은 쓰기의 첫 단추이고, 이는 연습을 통해 어떤 아이나 탄탄하게 키울 수 있다는 사실을 말입니다. 사방팔방 뛰어다니는 아이를 애써 앉혀놓고 아이의 소근육 발달을 위해 힘썼던 우리의 모든 시간이 어찌 보면 운필력을 기르기 위한 예행연습이었을지도 모릅니다. 고사리손으로 스티커를 붙였다가 떼고, 삐뚤빼뚤 가위질을 하고, 어설프지만 종이접기를 하는 등 얼마나 많은 노력을 기울였을까요. 제대로 된 수학 공부를 하기 위해서 우리는 운필력이라는 수학 기초 체력을 절대로 잊어서는 안 될 것입니다.

제가 아이들을 가르치고 코칭을 하다 보면 자연스럽게 얻게 되는 인사이트들이 있습니다. 물론 아이마다 다르겠지만, 소근육 발달이 빠른 아이들이 글씨도 잘 쓴다는 사실입니다. 눈에 보이는 수학 실력과는 크게 상관없이 잘 쓰는 아이들은 서술형 문제를 대할 때 거침이 없었습니다. 별것 아닌 듯 보여도 쓰기를 두려워하지 않는다는 점은 할 수 있는 공부의 폭이 무궁무진하다는 뜻이기도 합니다.

　수학을 비롯하여 초등학교 1학년 교과서를 전체적으로 살펴보면 '대답해보세요', '말해보세요'라는 지시문이 많이 등장합니다. 사실 이러한 지시문은 대답하거나 말해보라는 것이 아니라 써보라는 뜻에 더 가깝습니다. 선생님이 일일이 아이들이 말하는 내용을 확인할 수 없기에 써야 하는 셈입니다. 그렇다면 수학 기초 체력인 운필력은 과연 어떻게 기를 수 있을까요?

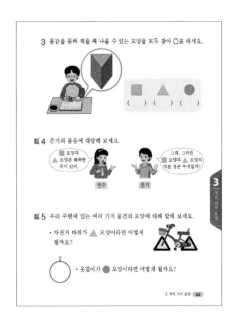

초등학교 1학년 2학기 수학익힘책 43쪽

운필력 키우기 ① 쓰는 도구에 변화를 준다

삼각 연필과 같이 쓰는 도구에 변화를 줘 아이가 최대한 잡기 쉬운 것으로 쓰기 연습을 시작합니다. 요즘은 교정기를 따로 사용하지 않는 연필이 출시되는 등 아이의 운필력 향상을 돕는 필기구들이 많이 등장했습니다. 어렵지 않게 구할 수 있으니 아이의 운필력을 키워주고 싶다면 도구부터 변화시켜봅니다.

운필력 키우기 ② 자유롭게 선을 긋는 연습을 한다

쓰기가 아직 서투른 아이에게 수첩처럼 작은 공간은 무언가를 끄적거리는 것조차 버거울 수 있습니다. 그러므로 전지나 대형 스케치북 등에 마음껏 선을 그어보고, 그림을 그려보는 연습 과정이 필요합니다. 손에 충분한 힘이 생길 만큼 낙서를 해보거나 선을 그어보는 경험도 필요합니다. 딱히 멋진 도구가 없더라도 엄마가 먼저 빨간 색연필로 점선을 그려 아이가 따라 긋게 해도 좋고, 아이의 손을 잡고 같이 그어주는 것도 괜찮습니다.

운필력 키우기 ③ 탁상 달력을 이용한다

제가 강의를 시작한 이후로 가장 많이 사용하는 도구는 바로 탁상 달력입니다. 어느 정도 운필력을 갖춘 아이들은 탁상 달력으로 수 연습을 할 수 있습니다. 탁상 달력을 펼치면 가장 먼저 보이는 것이 네모 칸 안에 적힌 수입니다. 이러한 수를 손으로 짚어가며 하나씩 따라 읽어봅니다. 충분히 따라 읽었다면 달력의 빈 공간에 보이는 숫자를 그대로 적어봅니다. 물론 초등학교 입학 전이라면 아이에 따라서는 아직 수를 쓰기가 조금 힘들 수도 있지만, 천천히 보이는 대로 적어보는 정도는 대부분 가능합니다. 놀랍게도 탁상 달력에 쓰인 수를 따라 읽고 빈 공간에 적어보는 것만으로도 수 인지가 매우 쉬워질 수 있습니다.

게다가 달력은 수가 순서대로 적혀 있어 별도의 고민 없이도 아이가 수의 순서에 대해 자연스럽게 알게 된다는 장점이 있습니다. 현재 초등학교 1학년 1학기 수학에는 50까지의 수를 배우는 내용이 나옵니다. 달력은 월에 따라 1부터 28, 1부터 30, 1부터 31까지의 수가 적혀 있어 초등학교 1학년 1학기 수학 진도에 맞춰 수를 배우고 익힐 수 있는 것입니다.

운필력 연습을 위해 따로 10칸 노트를 마련하여 아이에게 따라 쓰게 하는 것도 어떨 때는 부담스러울 수 있습니다. 하지만 탁상 달력을 이용할 경우, 수가 적힌 네모 칸에 같은 수를 따라 쓰기만 하면 됩니다. 보고 쓰는 활동은 아이에게도 엄마에게도 크게 부담이 되지 않습니다. 당연히 처음에는 칸 안에 맞춰 쓰기가 힘들겠지만, 여러 번 시도할수록 칸 안에 정확히 맞춰 수를 쓸 수 있을 것입니다. 물론 엉망진창 쓸 수도 있습니다. 그래도 우리가 부담스럽지 않은 것이 탁상 달력을 무료로 얻을 수 있는 루트가 꽤 많기 때문입니다.

수학 기초 체력 ② 한글
수학 공부의 또 다른 출발점

영어를 잘하려면 우선 모국어를 잘해야 한다는 말을 들어본 적이 있는지요? 영어를 잘 배우기 위해서는 한글 실력이 탄탄하게 뒷받침되어야 한다는 뜻입니다. 저 역시 이런 이야기를 심심치 않게 들으면서 아이를 키웠습니다. 이처럼 영어를 공부할 때는 모국어가 정말 중요하다고 생각하지만, 정작 그 누구도 수학을 공부할 때 제일 중요한 부분이 한글이라고 말하지 않습니다. 연산, 사고력 수학, 교구 등을 중요하다고 말하는 사람들이 더 많은 것이 현실입니다. 하지만 저는 분명히 말할 수 있습니다. 수학을 잘하려면 한글이 먼저입니다.

그렇다면 수학을 공부할 때 한글은 왜 중요할까요? 수학 문제를 풀려면 많은 생각을 해야 합니다. 그리고 우리는 무엇인가를 생각할 때 모국어를 기반으로 사고합니다. '그냥 읽을 줄만 알면 되는 것 아닌가?' 이런 의문이 생길 수 있습니다. 그러나 수학은 연산처럼 단순히 숫자와 기호만으로 이뤄진 활동이 전부는 아닙니다. 수학은 그 이상을 생각하고 탐구해야 합니다. '+(더하기)'라는 기호를 배우기 전에 더한다는 개념을 먼저 알아야 하고, 더하기를 뜻하는 다른 말인 모으기, 덧셈, 합슴 등 다른 용어들도 알고 있어야 같은 활동을 할 수 있는 것입니다. 알고 보면 수학이 힘든 이유는 수와 기호를 몰라서가 아니라, 기호를 이용해서 사고하는 방법을 몰라서였을지도 모릅니다. 한번 예를 들어보겠습니다.

- 3과 5를 더해보세요.
- 3과 5의 합을 구해보세요.
- 3과 5를 모으면 어떤 수가 됩니까?
- 진주는 왼손에는 구슬을 3개, 오른손에는 5개를 가지고 있습니다. 총 몇 개일까요?
- 엄마가 사탕을 동생에게 3개, 나에게 5개를 주었습니다. 엄마가 원래 가지고 있던 사탕은 몇 개일까요?

전부 '3+5'라는 같은 계산을 해야 하는 문제입니다. 그런데 한글로 표현하는 방법이 모두 다릅니다. 한글을 잘해서 문제가 품은 뜻을 정확히 이해해야지만 수학 문제를 완벽하게 해결할 수 있는 것입니다.

얼마 전 한 신문사에서 초등학교 1학년 아이들을 대상으로 수학 공부에 대한 설문 조사를 진행했습니다. 이 기사에 따르면 아이들이 수학을 힘들어하는 가장 큰 이유는 '한글 이해 부족' 이었습니다.

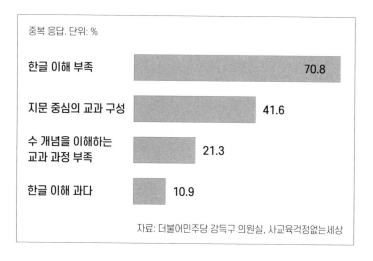

초1 학생들이 수학에 흥미를 느끼지 못하는 이유(2022년 10월 28일 동아일보 기사)

앞서 언급했듯이 더하기 하나를 하더라도 모으기, 덧셈, 합 등 한글을 충분히 이해해야 수학적 사고가 원활해지는 것인데, 그렇지 않으니 수학이 더 어렵게만 느껴지는 것입니다. 교과서와 문제는 한글로 되어 있고, 의사소통도 한국어로 합니다. 선생님과 함께 수학을 공부할 때도 한국어로 설명을 듣고 한국어로 이해를 해야 합니다. 요즘은 조기 교육으로 오히려 영어를 열심히 공부하는 아이들이 많이 늘어났습니다. 동시에 영어는 일찍 시작하지만, 한글은 '모국어니까 당연히 잘하겠지' 하는 마음으로 소홀한 경우가 많습니다. 그래서 막상 초등학교에 입학할 즈음이 되면 한글 이해 부족으로 어디서부터 어떻게 도와줘야 할지 난감한 경우가 생깁니다. 대부분 한글은 아이 스스로 떼기가 힘듭니다. 가끔은 책만 읽었을 뿐인데 한글을 뗐다는 아이들도 있지만, 제 주변에는 극히 드물었고 그들은 언어 영재인 경우가 많았습니다. 물론 아이가 언어 영재라면 지금 이야기하는 한글 부분은 건너뛰어도 무방합니다. 하지만 언어 영재가 아닌 평범한 아이라면 한글을 공부해야 합니다.

미국에 가서 산다고 모두 미국인처럼 말하게 되지는 않는 것처럼 언어를 배우기 위해서는 노력을 해야 합니다. 한글을 이해하기 위한 노력, 글자를 읽기 위한 노력, 말을 잘하기 위한 노력… 이러한 노력이 모여서 비로소 '한글을 뗐다'라고 말할 수 있는 경지에 이르게 되는 것입니다. 한글을 뗀 후에 수학 공부를 시작한다면 마치 날개가 달린 듯 앞으로 나아가게 될 것입니다. "이번에는 모으기를 해보자", "여기서 5보다 1만큼 큰 수를 찾아보자" 등 아이는 엄마가 하는 여러 가지 수학적 상황의 말을 전부 이해하게 되어 수학이 조금 더 쉽게 다가올 것이 분명하니까요. 미취학 시기에 본격적인 수학 공부를 시작하기 전, 한글을 먼저 알아야 하는 중요한 이유인 셈입니다. 그러면 어떻게 한글 공부를 해야 할까요? 한글을 배우는 방법에는 여러 가지가 있지만, 저는 3가지 상황을 예로 들어 설명하려고 합니다.

한글 공부법 ① 한글을 처음 시작하는 아이
한글 창제 원리를 이용한다

우리는 우리가 언제부터 지금처럼 글을 읽고 쓰게 되었는지 사실 정확히 기억하지 못합니다. 그렇기에 처음으로 한글을 공부하는 아이의 심정을 이해하기란 너무나 어렵습니다. 그래서 이럴 때는 엄마가 아예 한글의 처음, 즉 세종 대왕이 한글을 창제할 당시로 거슬러 올라가면 됩니다. 아이가 영어를 처음 배울 때 파닉스로 읽는 방법을 익히듯, 한글 역시 창제 원리인 소리 조합 방식으로 읽는 방법을 익히게 하는 것입니다.

대표적인 교재로 '아빠표 한글 공부'(마이클리시) 시리즈가 있습니다. 우리가 흔히 아는 가나다라 순서로 한글을 배우는 방식이 아니라, 'ㄱ'은 '그'라는 소리가 나고, 'ㅏ'는 '아'라고 읽는 방법, 즉 소리 조합 방식으로 한글을 가르치는 책입니다. 소리 조합 방식이 조금은 낯설게 느껴질 수 있지만, 한글용 파닉스라고 생각하면 이해하기가 쉽습니다. 자음과 모음의 순서로 한글을 알려주고 강의가 포함되어 있습니다. 책 전반에 걸쳐 등장하

소리 조합 방식으로 한글을 배우는 교재

는 한글 창제 원리를 엄마가 잘 이해해서 아이에게 전달한다면 한글을 공부하는 데 좋은 마중물이 되리라 생각합니다.

한글 공부법 ② 집중 시간이 짧은 아이
동영상으로 공부 분위기를 환기시킨다

미취학 아이들은 뭔가를 할 때 집중 시간이 길지 않습니다. 이런 아이들에게 어른과 똑같이 공부를 시킨다면 한글은커녕 공부 자체를 싫어하게 될 것입니다. 저는 집중 시간이 짧은 아이들을 위한 한글 공부 교재로 '아주 쉽고 신나는 한글 읽기&쓰기'(키출판사) 시리즈를 추천합니다.

이 시리즈는 한글 읽기 6권에 한글 쓰기 7권을 더해 총 13권

동영상을 적절히 활용한 한글 교재

으로 구성되어 있습니다. 책 생김새가 매우 귀엽고 표지도 깔끔합니다. 1일 치 분량이 매우 가벼운 편이어서 아이들이 비교적 쉽게 할 수 있습니다. 특히 이 시리즈에는 동영상이 포함되어 있는데, 동영상이 아이들이 정말 좋아하는 찬트Chant 형식이어서 즐겁게 노래하며 공부할 수 있습니다. 스마트폰 출시 이후 QR 코드가 대중화되면서 동영상을 탑재한 책과 문제집이 많이 등장했는데, 이 시리즈는 그중에서도 QR 코드를 아주 지혜롭게 이용한 사례라고 생각합니다. 아무래도 동영상을 보면 한글 읽기가 훨씬 수월해지기에 한글 읽기를 3권 정도까지 진행한 후에 한글 쓰기로 들어가면 보다 효과적인 학습이 가능합니다. 쓰면서 복습하면 더 오래 기억할 수 있기에 이렇게 교재를 활용하는 방법을 추천합니다.

한글 공부법 ③ 쓰면서 배우기를 좋아하는 아이
쓰기 양이 적절한 교재를 선택한다

아이가 한글을 어느 정도 읽고 나면 그때부터는 쓰기가 몹시 아쉬워지는 상황이 자주 생깁니다. 엄마는 쓰기를 보완해주고 싶지만, 쓰기가 많이 수록된 교재는 결국 아이에게 부담이기에 교재 선택 시 어려움을 겪을 수밖에 없습니다. 그래도 쓰기까지 어느 정도 되면 한글은 더 이상 걱정하지 않아도 됩니다. 이러한 의미에서 '한글떼기'(기탄출판) 시리즈는 한글 공부의 마지막 과정인 쓰기를 부담 없이 할 수 있도록 도움을 주는 교재입니다.

부담 없이 쓰기 연습이 가능한 한글 교재

이 시리즈는 총 10권으로 구성되었으며, 한글 읽기가 어느 정도 가능한 아이들이 하면 좋은 책입니다. 쓰기의 양이 적절하며 별로 어렵지 않습니다. 게다가 스케치북 크기의 책이어서 글씨를 연습하기에도 좋습니다. 책의 크기가 큰 만큼 1페이지가 2분할 되어 하루 한 장으로 4페이지를 공부하는 효과를 볼 수 있고, 각각 페이지가 따라 쓰기, 색칠하기, 미로 찾기 등 다양한 활동으로 구성되어 지루함을 느낄 틈이 없습니다.

이처럼 상황에 맞게 한글을 공부하고 난 후에도 엄마는 불안합니다. '우리 아이가 정말로 한글을 뗐다고 말할 수 있을까?', '이 정도 하면 한글은 완성된 걸까?' 등 부지불식간에 불안감이 엄습할 때 활용하면 좋은 방법이 있습니다.

웰리미 한글 진단 검사

 한국초등국어연구소와 초등 국어 교과서 발행사 미래엔이 함께 만든 한글 해득 진단 검사로 온라인에서 할 수 있으며 비용은 무료이다.

QR 코드를 스캔하거나, 포털 사이트 검색창에 '웰리미 한글 진단 검사'라고 입력하면 사이트에 접속할 수 있습니다. 검사를 하게 되면 생각보다 매우 상세하게 결과표를 보여줍니다. 검사는 20분 정도 소요되어 아이들이 충분히 집중 가능한 시간입니다. 컴퓨터나 휴대 전화를 사용해 집에서 손쉽게 할 수 있으므로 초등학교 입학 전에 아이에게 한 번쯤 시켜보면 좋습니다.

수학 기초 체력 ③ 한자
수학 용어를 제대로 알기 위한 밑바탕

7살 선우 엄마는 어느 날 선우가 어디서 봤는지 대분수가 뭐냐고 묻는 말에 "대분수는 큰 분수 아니야?"라고 대답했었다. 하지만 얼마 전에 인터넷 검색을 하다가 대분수의 '대'가 '큰 대大'가 아니라 '띠 대帶'라는 사실을 알고 왠지 모를 충격에 빠졌다. 알고 나서 다시 분수를 살펴보니 정말 띠를 두르고 있는 모양 같지 않은가? 어릴 때 대분수가 띠를 두른 분수라는 것을 알았다면 조금 더 쉽게 분수를 이해하지 않았을까 하는 아쉬움이 들었다.

수학 공부를 잘하는 방법을 강조하는 선생님은 정말 많습니다. 그런데 근본적으로 공부하려는 내용이 무슨 말인지 이해하지 못하는 아이에게 방법과 기술을 알려주면 아이가 단박에 알아듣고 문제를 풀 수 있을까요? 오히려 이런 아이들은 공식을 적용할 때 힘들어합니다. 수학 공부를 할 때 공식을 외워야 하는 경우가 왕왕 생기는데, 이때 공식의 이름을 이해하지 못하면 외우는 행위는 의미가 없습니다. '근의 공식'을 예로 들어볼게요. 기본적으로 '근'이 무엇인지 알아야 공식을 어떻게 활용할지 기억하기가 쉽습니다. 또 공식을 암기하기가 조금 더 수월합니다. 그렇다면 수학의 이해도를 높이는 방법으로는 무엇이 있을까요? 저는 그중 하나로 '한자'를 꼽습니다.

'초등학교에도 입학하기 전인데 벌써 한자를 공부해야 한다고?'라고 생각할 수도 있습니다. 하지만 어릴 때부터 차근차근 체득하면 결과가 확실히 다릅니다. 미련하게 달달 외우자는 것이 아닙니다. 그저 아이가 한자에 익숙해지고, 한자를 보고 읽으면서 뜻이 무엇인지 대략적인 유추만 해도 충분하다고 생각합니다. 다시 말해 한자를 공부 상황에 따라 활용할 만큼만 알아둔다면 수학을 하는 데도 분명히 도움이 될 것입니다.

수학 용어는 대부분 한자어입니다. 수학 공부를 시작하고 가장 처음으로 만나게 되는 '자연수自然數'도, 초등학교 수학의 첫 번째 난관이라는 '분수分數'도 모두 한자어입니다. 이 중 분수는 나눌 분分, 셀 수數 두 한자가 합쳐진 용어입니다. 한자를 모른 채 처음으로 분수를 접하는 아이는 대체 이게 뭐야 싶겠지만,

한자를 어느 정도 배우고 익힌 아이라면 '나누어진 수'라는 뜻을 파악해 분수의 생김새를 쉽게 인지할 것입니다.

사실 가장 본질인 '수학數學' 역시 한자어입니다. 이미 이름부터 한자로 구성된 수학을 공부할 때 대략이라도 한자를 안다면 꽤 많은 용어를 애써 외우지 않고도 이해할 수 있을 것입니다. 초등 수학 용어를 주제로 다룬 책까지 있을 만큼 한자와 수학은 떼려야 뗄 수 없는 관계입니다. 분수, 진분수, 가분수, 대분수, 직각, 예각, 둔각, 최대 공약수, 최소 공배수 등 한자로 된 수학 용어는 고학년으로 갈수록 더 많이 등장합니다. 앞서 이야기했듯이 수학을 공부할 때 한자를 달달 외울 필요는 없지만, 어느 정도 한자의 기본을 안다면 수학을 이해하는 데 큰 도움을 받을 수 있을 것입니다. 미취학 시기와 가장 가까운 초등 1학년 수학 교과서 내용만 살펴봐도 수數, 비교比較, 분류分類 등이 나오니까요.

그렇다면 엄마표 한자 공부는 어떻게 하면 될까요? 사실 조금만 관심을 기울인다면 집에서 한자를 공부하기가 어렵지 않습니다. 요즘은 좋은 교재가 넘쳐날 만큼 많고, 엄마표 학습을 체계적으로 할 수 있도록 도와주는 사이트와 카페도 여럿 등장했기 때문입니다.

엄마표 한자 공부법 ① 급수 한자 책을 활용한다

대표적으로는 '세 마리 토끼 잡는 급수 한자'(NE능률), '초능력 급수 한자'(동아출판), '기탄 급수 한자'(기탄교육) 시리즈 등이 있습니다. 사실 '급수 한자'라는 키워드로만 검색해도 엄청나게 많은 책이 등장합니다. 저는 한자의 경우 급수별로 나뉜 책을 추천하는 편입니다. 급수에 따라 공부하는 편이 혹시 싫증이 나거나 여타 다른 이유로 책을 중간에 바꾸더라도 내용이 중복되지 않아 공부하기 수월하고, 복습할 때도 책을 선택하는 데 구애받지 않기 때문입니다. 물론 한자 급수 책을 추천했다고 해서 급수를 무조건 따야 한다는 이야기는 아닙니다. 엄마가 아이와 함께 한자를 공부하며 한자를 완벽하게 암기시켜야겠다는 생각을 내려놓는다면 엄마표 한자도 충분히 가능합니다.

엄마표 한자 공부법 ② 한자 학습지를 시도한다

워킹맘이라 시간이 부족해서, 다둥이 엄마라 아이를 여럿 돌보느라 지쳐서 등 시간이나 상황상 엄마표 한자를 엄두조차 내지 못하는 분들이 많습니다. 이럴 때는 학습지를 활용하면 좋습니다. 대부분의 학습지 회사에는 한자 학습지가 따로 있습니다. 장원한자, 눈높이한자, 구몬한자 등이 그것인데, 회사만 다를 뿐

비용이나 구성은 비슷한 편입니다. 그래서 자주 바꾸기보다는 하나를 정해서 오랫동안 꾸준히 하겠다는 마음으로 해야 효과를 볼 수 있습니다. 아이한테 한자를 스며들게 한다는 생각으로 오래 공부하는 게 제일 좋다는 뜻입니다. 물론 단기간 공부시켜 급수 자격을 따고 끝낼 수도 있지만, 그러면 과연 의미가 있을까요? 기억력은 시간이 지날수록 흐려지기 마련이고, 공부는 끝이 있는 활동이 아니기 때문입니다.

그래도 학습지는 매주 선생님이 방문해 아이에게 수업도 하고 테스트도 치르기에 그나마 공부의 흐름을 유지할 수 있습니다. 아무리 학습지를 한다 해도 엄마가 아이의 공부를 어느 정도는 봐줄 수밖에 없지만, 숙제만 잘하면 되기 때문에 진도 등 다른 부분은 신경 쓸 필요가 없어 그나마 수월한 편입니다. 사실 여러 학습지 중에 어떤 것 하나가 제일 좋다고 말하기는 힘듭니다. 가장 중요한 것은 아이와 성향이 잘 맞고, 스케줄 역시 잘 맞는 선생님을 만나는 일입니다.

엄마표 한자 공부법 ③
한자 급수 자격증에 구애받지 않는다

엄마가 엄마표로 아이와 한자 공부를 하다 보면 누구나 똑같은 딜레마에 빠집니다. 한자 공부를 이야기할 때마다 단골처럼 등장하는 한자 급수 자격증입니다. 저에게 누군가가 "한자 급수 자격증을 따는 것이 수학 공부에 도움이 될까요?"라고 질문한다면, 저는 다소 애매하긴 하지만 "될 수도 있고, 안 될 수도 있습니다"라고 대답할 것입니다. 어쨌든 시험을 보면 한 번 더 복습하고, 계속 공부하기 때문에 분명히 도움이 되는 부분이 있습니다. 하지만 우리가 학사 학위를 받았다고 해서 대학 시절 공부하던 전공의 내용을 전부 기억하지 못하는 것처럼 무조건 도움이 된다고 말할 수는 없습니다. 그럼에도 불구하고 어릴 때 한 번 시험장의 분위기를 느끼면서 자격증을 따본다면 공부하는 의미가 아직 흐릿한 나이에 커다란 동기 부여가 될 수도 있습니다. 사실 아이는 대부분 이런 자격증이 있는지조차 잘 모르니, 부모가 먼저 알아보고 나서 아이에게 알려줘야 한다고 생각합니다. 다시 말해 한자 급수 자격증은 굳이 따지 않아도 되지만, 억지로 피할 필요도 없습니다. 참고로 우리나라에서 한자 급수 자격증을 따는 시험은 다음과 같이 2가지가 대표적이며, 자세한 내용은 홈페이지에서 확인하면 됩니다.

- 사단법인한국어문회 전국한자능력검정시험 hanja.re.kr
- 대한검정회 한자급수자격검정시험 hanja.ne.kr

로드맵 2단계
수학 개념 공부하기

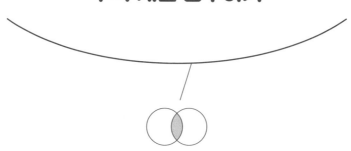

운필력, 한글, 한자. 미취학 시기, 처음으로 수학 공부를 하는 데 필요한 수학 기초 체력 3가지를 탄탄히 갖췄다면, 이제는 실전에 돌입할 차례입니다. 하지만 곧바로 책과 연필을 손에 들고 이른바 '지면 공부'를 시작한다면 아이에게 수학은 정말 머나먼 이야기가 될 것이고, 어쩌면 힘든 과목으로만 기억될지도 모릅니다. 그렇다면 지면 공부를 하기 전에 무엇으로 아이의 수학적 흥미를 끌어올릴 수 있을까요? 다양한 활동이 있겠지만, 수학 공부 로드맵 2단계는 초등학교 입학 전에 반드시 알아야 할

수학 개념 중 수 개념을 중심에 두되, 엄마와 아이가 일상생활에서 손쉽게 할 수 있는 수학 놀이, 초등 수학을 경험해볼 수 있는 활동으로 알차게 구성했습니다. 수 개념을 잡아주는 활동부터 일상생활 속에서 배우는 수학까지, 놀이와 학습이 자연스럽게 어우러지는 방법을 소개하고자 합니다.

수 개념을 공부하기 전, 우리 아이 체크 리스트

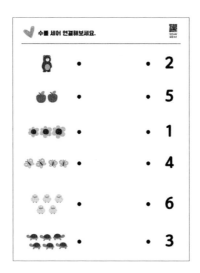

아이의 수양일치 가능 여부를 판단할 수 있는 간단한 확인용 워크지

앞의 워크지를 보고 아이가 무작위로 적힌 양과 수를 일치
시킬 수 있습니까? 이 문제를 해결할 수 있다면 아이에게 수양
일치의 기본 개념이 정립되었다고 볼 수 있습니다. 수양일치가
안 된 아이들은 숫자를 보고 읽을 수는 있지만 연결하는 것은
어려워하기 때문입니다.

수 개념이 명확하지 않은 아이

'수 개념이 명확하지 않다'는 무슨 뜻일까요? 수를 읽을 수는 있
지만, 그 뜻을 알지 못하는 경우, 즉 '수양일치'가 되지 않는 경
우를 우리는 수 개념이 명확하지 않다고 말할 수 있습니다.

수양일치

○○○○
동그라미 4개를 보고 '사' 혹은 '넷'이라고 말할 수 있는 것

수양일치는 아이들이 비교적 일찍 이해하는 편이지만, 이때
확실하게 짚고 넘어가지 않으면 오히려 수학 공부를 하면 할수

록 미궁 속으로 빠져드는 일이 발생할 수도 있습니다. 이해하지 않고 단순히 외워서 수양일치를 알게 되면 큰 수가 나왔을 때 당황한다는 뜻입니다. 이를테면 동그라미 4개를 보고 '사' 혹은 '넷'이라고 잘 말하는 아이가 동그라미 14개를 보면 뭔지 몰라 허둥지둥할 수 있습니다.

이번에는 미취학 아이의 수준에서 수양일치를 거의 완벽에 가깝게 할 수 있도록, 일상생활에서 사고력 수학까지 확장시킬 수 있도록 수양일치를 배우는 방법을 함께 알아봅니다. 이어지는 방법을 통해 수 개념이 명확하지 않은 아이라면 수 개념 및 수양일치를 완벽하게 배우고 익히게 될 것이며, 수 개념이 어느 정도 있는 아이라면 복습 활동으로 해보기를 권합니다.

수 개념과 수양일치 배우기

√ 수 카드로 배우는 수 개념과 수양일치

수 개념은 아이를 가르치고자 하는 엄마에게는 정말 어려운 말입니다. 1, 2, 3, 4… 이렇게 숫자를 알려주는 정도로는 수학 공부의 시작과 큰 관계가 없기 때문입니다. 눈에 보이지 않는, 다시 말해서 추상적인 수를 배우기 전에 우리는 눈에 보이는 숫자를 먼저 아이에게 가르쳐야 합니다. 1 일, 2 이, 3 삼 등 숫자를 먼저 읽을 수 있어야 합니다. 숫자는 하나의 기호라고 생각하며 가르치고, 그다음에 그 기호에 따른 양을 알려줍니다.

1 일 = ○ = 하나

2 이 = ○ ○ = 둘

3 삼 = ○ ○ ○ = 셋

4 사 = ○ ○ ○ ○ = 넷

5 오 = ○ ○ ○ ○ ○ = 다섯

앞서 이야기했듯이 이것을 수양일치라고 부릅니다. 수에 양을 대입해 수와 양을 일치시키는 작업을 하는 것입니다. 아이가 '1 일'을 '하나'로 기억하기까지는 꽤 많은 반복이 필요합니다. 그중 가장 쉬운 방법이 도구를 이용하는 것인데, 사실 1부터 10까지 수양일치를 하는 데 굉장한 도구가 필요한 것은 아닙니다. 가장 편리한 방법이 손가락을 이용해 수를 인지하는 것입니다. 이때 10이 넘는 큰 수에 대해서는 적당한 크기의 종이에 도트를 찍어 수 카드를 만들어서 활용하면 좋습니다. 수 카드를 만드는 방법은 다음과 같습니다.

① 스케치북, A4 용지 등을 6등분 또는 8등분하여 적당한 카드 크기로 준비합니다.

② 각각 카드에 가르치려고 하는 수만큼 도트를 찍습니다. 이때 5개씩

묶음 수를 한 줄에 넣고, 낱개 수는 그 아래에 넣습니다. 그리고 도트를 찍은 카드에 숫자는 적지 않습니다.

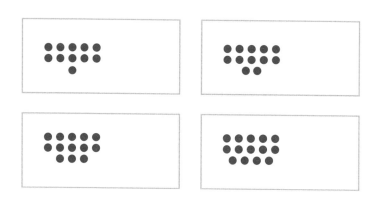

규칙적으로 도트를 찍은 수 카드

이렇게 만든 수 카드를 아이에게 계속 보여주면서 몇 개인지 서로 묻고 답하는 시간을 가져봅니다. 그래서 규칙적으로 도트를 찍은 수 카드 읽기에 익숙해졌다면 이번에는 난이도를 올려 무작위로 도트를 찍은 수 카드를 만들어 다시 몇 개인지 서로 묻고 답하는 시간을 가져봅니다. 이렇게 수 카드를 만들어서 수시로 아이와 수 읽는 연습만 해도 수 개념이 원활하게 확장되고 수양일치가 빨라집니다.

제가 설명한 수 카드가 다른 도구보다 좋은 이유는 만들기가 간단할 뿐만 아니라, 가지고 다니기가 쉽고, 또 규칙적으로

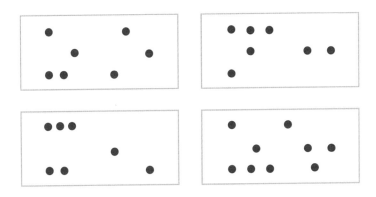

무작위로 도트를 찍은 수 카드

혹은 무작위로 도트를 찍는 것처럼 난이도 조절이 가능하기 때문입니다.

이처럼 수 카드를 활용해 숫자와 수의 양을 배우고 나면 아이 안에서 수 개념이 조금 더 명확히 바로 서게 됩니다. 그래도 당황하면 어느 순간 헷갈리기 마련입니다. 이때는 하나만 기억하면 됩니다. 수는 숫자로 만들며, 숫자는 수를 표현하는 0, 1, 2, 3, 4, 5, 6, 7, 8, 9라는 사실을 말입니다.

√ 몸으로 배우는 하나 더 큰 수, 작은 수
계단이 있는 곳이라면 굉장히 쉽게 하나 더 큰 수와 작은 수를 알려줄 수 있습니다. 엘리베이터까지 있다면 금상첨화입니다. 엘리베이터 버튼에는 수가 순차적으로 적혀 있으며, 불빛까지

들어옵니다. 계단이든 엘리베이터든 어디에서 해도 상관없습니다. 우선 목적지의 층수를 이용해 수를 배워봅니다.

목적지가 17층이라고 가정해봅시다. 계단으로 올라가든 엘리베이터를 타든 아이와 목적지인 17층에 도착해 한 층 아래로 내려가봅니다. 아이는 엄마가 구구절절 설명하지 않아도 직접 움직임으로써 내려간다는 의미, 아래로 가면 수가 적어진다는 의미, 16이 17보다 하나 작은 수라는 의미 등을 알게 될 것입니다. 마찬가지로 17층에서 한 층 위로 올라가봅니다. 역시 아이는 엄마의 설명 없이도 스스로 움직이면서 위라는 방향의 의미, 계단으로 올라가는 동안의 느낌을 통해서 18은 17보다 하나 큰 수라는 의미를 알게 될 것입니다. 몸으로 체득한 것은 기억에 훨씬 오래 남을 뿐만 아니라, 이 모든 과정이 엄마와 함께하는 놀이로 좋은 추억이 됩니다.

이렇게 계단이나 엘리베이터를 이용해 직접 몸으로 움직이면서 하나 더 큰 수와 작은 수를 배우고 나서 집으로 돌아와 수직선이나 달력으로 복습하면 학습 효과를 극대화시킬 수 있습니다.

홀수와 짝수 배우기

홀수와 짝수는 수학 공부를 할 때 절대 놓쳐서는 안 될 중요한

홀수와 짝수를 배울 때 유용한 수백판

개념입니다. 홀수와 짝수는 수백판(1부터 100까지의 숫자가 순서
대로 놓인 판)을 이용해서 배울 수도 있고, 수직선의 2씩 뛰어 세
기를 통해 배울 수도 있습니다. 이외에도 여러 가지 방법이 있
지만, 그중에서도 저는 탁상 달력을 이용해서 홀수와 짝수를 배
우는 방법을 소개합니다.

달력의 가로는 항상 7칸이어서 가로세로 모두 10칸씩인 수
백판으로 공부할 때와는 규칙이 사뭇 다르게 느껴질 것입니다.
저는 오히려 달력이 수백판보다 홀수와 짝수를 배우기에 유리
한 도구라고 생각합니다.

홀수와 짝수를 배울 때 달력은 다음과 같이 이용하면 됩
니다. 아이에게 홀수와 짝수의 개념을 설명한 다음, 홀수인 수

는 전부 파란색으로, 짝수인 수는 전부 노란색으로 색칠해보라고 합니다. 아이와 엄마가 번갈아가며 색칠하는 방법도 있습니다. 이러한 과정을 통해서 아이는 홀수와 짝수가 번갈아 등장한다는 사실을 인지하게 됩니다. 또 자연수의 첫 번째 짝수는 2이며, 2를 시작으로 2칸씩 뛰어 세면 그 수들이 모두 짝수라는 사실도 알게 됩니다. 이때 어쩌면 덤으로 짝수가 2의 배수라는 사실을 깨닫게 될지도 모릅니다. 이처럼 억지로 하는 공부가 아니라 놀이와 같은 활동을 통해 수학 개념을 자연스럽게 배우면 긍정적인 수학 정서가 형성되어 계속해서 수학 공부를 하는 데 큰 도움이 됩니다.

아마 그동안은 철 지난 달력을 활용하기보다는 버리기 바빴을 것입니다. 이제부터는 달력을 버리는 대신 아이와 신나게 색칠하고 놀면서 은연중 수학 공부로 연결해보면 어떨까 합니다.

분류하기와 비교하기 배우기

홀수와 짝수를 배울 때는 달력을 이용했다면, 이번에는 전단지를 활용해 수학 개념 중 분류하기와 비교하기를 공부하는 방법을 소개합니다. 사실 분류하기와 비교하기는 수 세기, 덧셈과 뺄셈을 떠올리다 보면 처음에는 수학 개념과 큰 관련이 없어 보이는 것처럼 느껴지기도 합니다. 하지만 모두 초등 1학년 수학에 등장하는 개념이며, 수학을 공부하는 데 기본이 되는 개념입니다. 아이들은 모양(도형)을 배우면서 분류하기를 접하며, 비교하기는 숫자를 배우고 나서 덧셈과 뺄셈에 들어가기 전에 나옵니다.

요즘은 전단지를 예전처럼 아주 흔하게 찾아볼 수 있는 건 아니지만, 그래도 대형 마트에 가보면 여전히 한구석을 차지하고 있습니다. 장을 보고 나서 전단지를 집으로 갖고 오면 아이와 함께하는 수학 놀이의 좋은 도구가 됩니다. 물론 전단지를 대체할 만한 좋은 교구가 많습니다. 하지만 제가 군이 전단지를 사용하는 이유는 사시사철 때에 따라 각기 다른 품목을 판매해서 자연 활동도 겸할 수 있기 때문입니다.

지금부터 분류하기와 비교하기를 배우는 데 전단지를 활용하는 방법을 연령별로 나눠 몇 가지 소개하고자 합니다. 연령은 6세를 기준점으로 삼아 수학을 정말 처음으로 접하는 5~6세와 초등 수학이 가까워지는 6~7세로 구분했습니다.

분류하기와 비교하기를 쉽게 배우는 일상생활 속 교구인 전단지

√ 5~6세 전단지 공부법 ① 색으로 분류하기

전단지에는 여러 가지 색이 있는 것처럼 보이지만, 전체적으로 살펴보면 의외로 단순합니다. 초록색, 노란색, 빨간색이 제일 많고, 가끔 주황색과 보라색 등이 등장하는 편입니다. 저는 아이와 전단지로 색 분류를 가장 먼저 했습니다. 이로써 아이가 색을 인지하는 데 도움을 줄 뿐만 아니라, 동시에 색으로 분류한 물건을 품목별로 무엇인지 알려주면서 일상생활 속 물건의 종류에 대해 배우는 기회로 삼았습니다.

√ 5~6세 전단지 공부법 ② 품목으로 분류하기

채소, 과일, 생선 등 물건의 품목별 특성에 대해서 잘 알고, 또 분류까지 원활히 하게 되면 마트에 갔을 때 물건을 보는 아이의 눈이 확실히 달라집니다. 이 과정을 통해 아이가 마트를 바라보는 시선이 '군것질거리를 사는 곳'에서 '질서정연하게 물건을 분류한 나름의 철칙이 있는 곳'으로 바뀔 것입니다.

√ 6~7세 전단지 공부법 ① 이중 분류하기

색과 품목별로 분류를 해봤다면 이제는 이중 분류도 가능합니다. 예를 들어 과일 중에서 사과와 오렌지는 겉면의 색깔이 다릅니다. 처음에는 과일이라는 '품목'으로 분류했지만, 그다음은 '색'으로 분류 기준이 다른 것입니다. 이처럼 과일이라는 품목

안에서 색 또는 모양 등 여러 가지 기준으로 이중 분류를 해볼 수 있습니다.

"채소이면서 보라색인 것은?"
"주황색이면서 과일인 것은?"

아이에게 이렇게 발문하면서 문제를 내고 맞히는 방법으로 응용도 가능합니다.

√ 6~7세 전단지 공부법 ② 비교하기

수학적 사고는 예측과 결과 확인을 통해 더 확장시킬 수 있습니다. 그런 점에 있어 비교하기는 꽤 좋은 연습입니다. 우선 전단지를 펼쳐놓고 아이에게 물어봅니다.

"어느 과일이 가장 무거울 것 같아?"
"빨간색 과일 중 가장 가벼운 것은 무엇일까?"
"블루베리 한 개와 사과 한 개 중에서 더 무거운 것은 무엇 일까?"

엄마가 아이에게 던지는 수많은 질문은 결국 아이 안에서 생각과 상상으로 그럴싸하게 변하고, 이후 아이와 함께 마트에 가서 그 결과를 확인할 수 있습니다. 전단지는 실제로 우리가 일상생활에서 가장 흔히 접할 수 있는 것들을 중심으로 구성되어 있습니다. 수학적 기준은 언제나 나를 중심에 둬야 기억하기도 이해하기도 쉬운데, 이런 면에 있어서 비교하기는 정말 도움이 되는 수학적 활동입니다.

수 개념이 어느 정도 있는 아이

아이에게 어느 정도 수 개념이 생겼다면 이제부터는 실전 수학에 돌입하면 됩니다. 초등학교 수학에 나오는 수많은 개념과 활동들, 이를테면 앞서 언급했던 1부터 9까지의 수, 홀수와 짝수, 분류하기, 비교하기, 여러 가지 모양 등은 일상생활을 살아가는 데 필요한 가장 기초적인 것들입니다. 그렇기에 일상생활 속에서 등장하는 수학만 제대로 해두면 학교 수학을 어렵지 않게 따라갈 수 있습니다.

수학으로 마음껏 놀 수 있는 공간, 마트

마트는 요즘 아이들에게 키즈카페 못지않은 즐거운 놀이 공간일 것입니다. 동시에 엄마에게는 아이를 돌보기 편리한 시설이 있으면서 장까지 볼 수 있는, 다른 사람의 눈치를 크게 보지 않아도 되는 유일한 공간이라는 생각이 듭니다.

그러다 보니 마트에 가면 평소 수다쟁이가 아닌 엄마도 수다쟁이가 될 수 있습니다. 물건을 살펴보고 고르거나 사면서 아이와 할 수 있는 이야기가 정말 많기 때문입니다. 이때는 아이의 시선을 맞춰주기 위해 굳이 어린아이의 언어로 말하지 않고, 어른의 언어로 말해도 괜찮습니다. 이러한 과정에서 엄마가 자연스럽게 사용하는 용어들로 인해 아이는 조금 더 많은 것을 받아들이고 생각하게 되며, 더 나아가 수학적으로도 더 깊은 이해를 하게 될지도 모릅니다. 다음은 마트에 갔을 때 엄마가 아이에게 할 수 있는 예시 질문입니다.

Q1. 엄마는 오늘 사과가 먹고 싶은데, ○○는 뭐가 먹고 싶어?
 - (아이도 사과가 먹고 싶다면) 우리는 같은 과일을 골랐네.
 - (아이가 다른 과일을 고른다면) 네가 고른 과일과 사과의 다른 점은 무엇일까?

Q2. 빨간색 토마토와 초록색 토마토가 있는데, ○○는 뭘 먹을래?
 - (아이가 빨간색 토마토를 고른다면) 빨간색 과일은 또 무엇이 있을까?
 - (아이가 초록색 토마토를 고른다면) 초록색 과일은 또 무엇이 있을까?
 - (아이가 토마토는 싫다고 한다면) 괜찮아. 그럼 넌 어떤 과일이 좋아?

엄마가 아이에게 건네는 질문은 보통 이런 식으로 꼬리에 꼬리를 무는 경우가 대부분입니다. 마트에는 정말 다양한 것들이 있어 눈에 보이는 것에 대해 계속 질문하다 보면 엄마와 아이는 생각보다 상당히 많은 대화를 할 수 있게 됩니다.

이처럼 마트에 가면 나를 중심으로 사고할 수 있습니다. 그래서 내가 좋아하는 것, 내가 싫어하는 것, 내가 하고 싶은 것, 내가 하고 싶지 않은 것 등을 명확히 알 수 있게 됩니다. 여기에 아직은 내가 어리긴 하지만, 가족 구성원으로서 함께 무언가를 골랐다는 만족감과 기쁨 등을 아이가 느낄 수도 있습니다. 마트에서 우리가 사야 할 것들은 늘 우리와 관련된 것들입니다. 그러니 마트야말로 나 중심의 사고가 시작되는 곳 아닐까요?

마트는 우리와 가장 가까이 있는 시장 경제의 중심지입니다. 물건을 사고팔기 위해 돈이 오가며, 물건의 양이나 물건값으로 적어둔 숫자가 사방에 펼쳐져 있습니다. 원하든 원하지 않든 무엇을 사더라도 숫자를 만날 수밖에 없는 것입니다. 저희 아이들이 특히 제일 좋아하던 곳은 청과 코너였는데, 당시만 해도 100g으로 판매하는 채소가 정말 많았습니다. 저는 채소를 살 때마다 비닐봉지에 담아 아이와 함께 무게를 쟀습니다. 돌이켜 보면 아이는 아주 평범했던 그 순간을 정말 좋아했던 것 같습니다. 저울에 물건을 재면 나오는 가격표 역시 아이들은 굉장히 신기해합니다. 가격표에 적힌 금액을 읽어보면서 한 번 더 무게와 값에 대해 생각하게 되는 건 부가 효과입니다.

마트는 엄마와 아이가 함께 단위를 배우기에 정말 좋은 장소입니다. 초등학교 1학년 수학에서 비교하기를 배우는데, 입학 전에 미리 마트에서 비교하기 실전을 경험해본다면 교과서 문제쯤은 두렵지 않을 것입니다.

√ 감자를 이용한 크기 비교하기

감자는 품종은 물론 크기가 다양해서 크기를 비교하기에 가장 좋은 채소입니다. 알감자와 보통 감자를 사서 아이에게 물어봅니다.

"어떤 것이 더 큰 것 같아?"

사실 크기 비교는 너무 쉽습니다. 아이는 한눈에 보이기 때문에 당연히 큰 고민 없이 선택할 것입니다. 하지만 수학적 능력을 키워주려면 여기에 플러스알파가 필요합니다. 점점 감자의 크기 격차를 줄여가며 아이에게 물어봅니다. 그러면 아이는 처음과는 달리 알쏭달쏭한 표정을 지을 것입니다. 이때 저울로 무게를 재는 것이 가장 좋지만, 마트는 거의 전자저울뿐이라 아이 눈높이에서 내용을 이해시키는 데 적합하지 않습니다. 집에 양팔저울 또는 바늘저울을 구비해두고, 집에 돌아와 나머지 궁금증을 해소하는 방법을 추천합니다. 물론 아이의 호기심을 그때그때 해결해주면 최상이겠지만, 아이의 호기심 해결 과정에서 타인에게 피해가 가지 않게 적절히 조절하는 것 또한 어른이 꼭 가르쳐줘야 할 부분이라고 생각합니다.

√ 오이를 이용한 길이 비교하기

오이도 품종과 길이가 천차만별입니다. 스낵 오이라는 새 품종이 우리나라에 등장하면서 길이 비교가 굉장히 쉬워졌습니다. 같은 종류의 채소로 길이를 비교하는 가장 큰 이유는 아이에게 세상에 있는 다양한 품종을 알려주고 싶었기 때문입니다. 같은 오이라도 모두 같은 오이가 아니라는 사실을 알려주고 싶은 마음이었습니다.

"여기 2개의 오이 중에서 어떤 것이 더 길까?"

아이가 문제를 맞히면 저는 세상에서 네가 제일 최고라는 반응을 해줬습니다. 그때 제가 건넸던 그 칭찬은 아이에게 더없이 큰 즐거움이자 용기가 되었습니다. 저는 그렇게 아이에게 오이로 길이 비교하기를 묻고 또 물었습니다.

길이 비교하기는 가장 직관적으로 가능합니다. 서로 다른 물건 2개의 키를 대고 비교하면 그만이기 때문입니다. 아이와 마트에 가서 그동안은 엄마가 필요한 물건을 담기만 했다면, 앞으로는 물건을 담으면서 아이에게 질문하는 시간을 가져보면 어떨까 싶습니다.

√ 우유를 이용한 들이 비교하기

우유는 마트에서 가장 들이를 비교하기에 좋은 품목입니다. 몇 가지 이유가 있는데, 그중 가장 큰 이유는 우유를 담은 패키지의 모양이 같기 때문입니다. 같은 모양의 패키지에 담긴 우유지만, 그 용량은 각기 다릅니다. 200ml, 300ml, 500ml, 1,000ml 등 꽤 다양하며, 패키지 크기가 같아도 그 용량이 다른 경우도 있습니다. 크기가 다른 우유 2팩을 사서 아이와 함께 들이를 비교해봅니다.

"어떤 것에 더 많은 우유가 담긴 것 같아?"
"이건 200ml구나. 어, 이건 300ml네."

이때 반드시 아이에게 정확히 단위를 짚어줘야 합니다. 'ml'는 표준어인 '밀리리터'라고 이야기해야 하는데, 편하게 말하자고 "이건 200미리, 저건 300미리"라고 하는 경우가 왕왕 있기 때문입니다. 아이에게 정확한 단위를 계속 들려줌으로써 자연스럽게 스며들도록 하는 것이 포인트입니다.

미취학 시기와는 조금 떨어져 있지만, 초등 3학년 2학기 수학에는 '들이와 무게'라는 단원이 나옵니다. '들이'라는 말이 익숙하지 않은 채로 '단위'까지 만나면 아이들은 더 혼란스럽습니다. 사실 초등 3학년에 나오는데 굳이 지금 배워야 하냐고 생각할 수도 있습니다. 하지만 선행 학습이 아니라 미취학 시기에 일상생활 속에서 자연스럽게 배운다고 생각하면 됩니다. 마트에 가서 그저 물건만 구경하는 것이 아니라, 우유로 들이 비교를 배우고 익힌 아이는 1,000ml가 1L(1리터)와 같다는 사실을 접해도 당황하거나 헷갈리지 않습니다. 이미 들이에 대한 수학 개념이 머릿속에 정립되었기 때문입니다.

돈을 쓰면서 배우는 세 자리 수 이상의 큰 수

마트라는 공간과 돈은 서로 떼려야 뗄 수 없는 관계입니다. 지금은 많이 달라졌지만, 돈을 다소 터부시하는 우리나라의 정서 때문인지는 몰라도 아이에게 돈에 대해 일찍 알려주는 것을 꺼리는 부모도 꽤 많습니다. 하지만 저는 돈이야말로 어릴 때부터 제대로 배워야 하는 필수 요건이자 상식이라고 생각합니다.

초등 4학년 수학에는 큰 수를 배우는 단원이 나옵니다. 만 단위부터 억, 조 단위까지 배웁니다. 우리나라는 돈의 단위가 비교적 크기 때문에 일상생활에서 돈을 직접 써보면서 배운 아이들은 그 단원을 만났을 때 큰 힘을 들이지 않고 잘 이해할 수 있습니다. (보드게임을 통해서도 배울 수 있지만, 진짜 돈을 써보는 것은 경제 교육 효과까지 얻을 수 있습니다.)

마트에서 파는 물건을 살펴보면 단위별로 금액이 적혀 있습니다. 그러다 보니 비례식도 뜻하지 않게 배울 수 있습니다. "1개가 300원이라면 3개는 얼마일까?" 아주 단순한 질문인 동시에 일상에서 가장 많이 마주하는 부분입니다. 이러한 내용을 수학 시간에 처음 배우는 경우와 역으로 일상생활 속에서 깨우친 것을 수학 시간에 꺼내는 경우는 이해하는 속도가 현저히 다를 수밖에 없습니다.

그렇다면 마트에서 가장 효율적으로 아이에게 돈에 대해 알려주는 방법에는 무엇이 있을까요? 많은 방법이 있지만, 그중에 몇 가지를 소개하고자 합니다.

√ 필요한 물건의 가격 적어 오기

엄마는 마트에 가기 전에 필요한 물건의 리스트를 작성합니다. 그리고 나서 마트에 가서 그 물건을 아이더러 찾으라고 한 다음에 얼마의 금액이 적혀 있는지 종이에 적어 오라고 하는 것입니다. 아주 단순한 활동이고, 숫자만 알고 있다면 그대로 보고 적어 오면 됩니다. 물건을 사서 집으로 돌아온 후에는 그 금액이 총 얼마인지 실제 돈으로 가늠하는 활동까지 한다면 금상첨화일 것입니다.

√ 정해진 것보다 적은 금액의 물건 찾기

우선 아이가 쓸 수 있는 돈을 제한합니다. 2,000~3,000원 정도 선이면 적당합니다. 아이가 그 금액보다 적은 금액의 물건을 찾아오는 활동입니다. 아이는 이 과정을 통해서 같은 돈으로 더 적은 금액의 물건은 살 수 있지만, 더 큰 금액의 물건은 살 수 없다는 사실을 배웁니다. 당연한 이야기이고 활동이지만, 아이는 이러한 일상생활 속 학습으로써 추후 등장하는 수학 문제를 해결하는 데 필요한 실마리와 힘을 얻을 수 있습니다.

√ 특정 금액에 가장 가깝게 물건 담기(어림하기)

5,000원 혹은 1만 원으로 아이와 간단히 해볼 수 있는 활동입니다. 마트를 전체적으로 사용하면 공간이 너무 넓어 힘들 수 있으니, 제한된 공간 안에서 5,000원에 가장 가깝게 물건 담아오기, 1만 원어치 물건 담아 오기 등의 활동을 하는 것입니다. 아이가 너무 어리거나 혹은 잘 따라오지 못한다면 계산기를 가지고 함께 다니면서 보여주는 것도 괜찮습니다. 아이가 일상생활 속에서 근사치에 대해 배우는 방법입니다. 여기서 근사치는 어림하기의 밑바탕이 되며, 결국 아이는 근삿값을 통해 여러 가지 계산을 할 수 있게 됩니다. 아이가 좋아하는 과일이나 과자

등 자기가 잘 알고 좋아하는 것들로 배우면 오랫동안 기억에 남을 수 있습니다.

√ 영수증 읽어보기

장을 보고 나서 받은 영수증을 아이에게 보여주는 것도 수학적으로 좋은 활동입니다. 집에 돌아와서 물건을 꺼낼 때 영수증을 보면서 아이한테 하나하나 확인하게 하면 시간은 오래 걸리지만, 물건과 금액에 대해 배우는 좋은 기회가 됩니다. 또 장을 본 금액이 모두 합쳐 얼마냐에 따라 10만 단위까지도 친숙하게 듣고 배울 수 있습니다.

초등학교에 입학하면 수업 시간에 물건을 사거나 티켓을 예매하는 등 일상생활 관련 문제들이 종종 등장합니다. 교구를 활용한 쌓기 나무, 칠교놀이 등만 미리 배우고 입학할 게 아니라, 일상생활 속 수학도 미리 접하고 입학하면 어떨까 싶습니다. 그 내용이 초등 1학년 수학 시간에 나오지 않는다고 할지라도요. 앞서 언급한 일상생활 속 문제를 많이 접해볼수록 아이에게 수학은 더 흥미로워집니다. 늘 우리 가까이에 수학이 있다는 사실을 알게 되기 때문입니다. 오늘부터 수학을 공부하는 방법이라고 생각하고 아이에게 더 많은 기회를 줘보면 어떨까요?

달력으로 배우는 덧셈과 뺄셈

수 개념이 어느 정도 있는 아이라면 덧셈과 뺄셈을 배워도 괜찮습니다. 본격적인 연산 문제집 또는 학습지로 시작해도 되지만, 그 전에 먼저 엄마와 함께하는 여러 가지 활동으로 덧셈과 뺄셈의 워밍업을 한다면 문제집이나 학습지에 나오는 문제를 조금 더 수월하게 해결할 수 있을 것입니다. 손가락이나 구체물을 이용한 방법도 있지만, 여기서는 조금 특별하게 탁상 달력을 이용한 덧셈과 뺄셈을 소개하고자 합니다.

수학 공부에 활용할 수 있는 탁상 달력

√ 하나 더 큰 수, 하나 더 작은 수 배우기

기준 수를 중심으로 하나 더 큰 수와 하나 더 작은 수를 알아보는 과정은 덧셈과 뺄셈의 시작입니다. 하나 더 크다, 하나 더 작다는 결국 바로 뒤의 수, 바로 앞의 수와 연결되는데, 수가 일렬로 나열된 것을 보더라도 간격이 같지 않으면 감이 생기지 않을수도 있습니다. 달력에 있는 칸의 일정한 간격이 주는 감은 특히 수직선을 배우기 전에 해보면 좋은 활동입니다.

① 엄마가 임의의 수를 정합니다.

 "우리 기준이 되는 수를 '5'로 하자."

② 앞에서 정한 수보다 하나 더 큰 수(달력 바로 뒤쪽 칸의 수), 하나 더 작은 수(달력 바로 앞쪽 칸의 수)를 짚어가며 개념을 배웁니다.

 "5보다 하나 더 큰 수를 달력에서 먼저 짚어보고, 그다음에는 하나 더 작은 수를 달력에서 찾아 짚어보자."

√ 뛰어 세기로 덧셈과 뺄셈 배우기

뛰어 세기는 초등학교 수학 시간에 등장하는 또 하나의 과정입니다. 2씩 뛰어 세기, 3씩 뛰어 세기, 더 나아가서는 억씩 뛰어 세기까지 하게 됩니다. 뛰어 세기의 가장 중요한 점은 간격이 같다는 것인데, 일정한 칸으로 이뤄진 달력을 활용하면 조금 더 편하게 뛰어 세기를 눈으로 확인할 수 있습니다. 앞으로 뛰어 세기로는 덧셈을 가르칠 수 있고, 뒤로 뛰어 세기로는 뺄셈을 가르칠 수 있습니다.

① 1에서 4만큼 앞으로 뛰어 세면 얼마일까요? (1+4=?)

② 9에서 3만큼 뒤로 뛰어 세면 얼마일까요? (9-3=?)

√ 월을 이용해 덧셈 배우기

달력에는 1월부터 12월까지가 나옵니다. 그래서 월의 숫자를 일의 숫자에 더함으로써 더하기 12까지를 자연스럽게 배울 수 있습니다. 이때 일의 숫자에 월의 숫자를 더해 일의 칸에 쓰다 보면 맨 처음 칸에 쓰인 답보다 하나씩 수가 커집니다. 예를 들어, 1월 1일 칸에는 2(1월+1일), 1월 2일 칸에는 3(1월+2일) … 12월 1일 칸에는 13(12월+1일), 12월 2일 칸에는 14(12월+2일)인 것처럼요. 처음에는 조금 헷갈릴 수 있겠지만, 차근차근하다 보면 자연스럽게 수의 관계에 대해 알게 됩니다. 이 활동을 할 경우, 아이가 완벽하게 알아야 한다는 마음보다는 수의 여러 가지 변화를 느껴보라는 마음으로 진행하면 수 감각을 훨씬 더 키울 수 있습니다.

① 달력에서 '일'이 적힌 칸에 그달의 '월'을 더해봅니다.

② 7월 3일이라면, 3이 적힌 칸에 3+7(3일+7월)=10을 적어봅니다.

③ 그렇다면 이런 식으로 달력에서 월과 일을 더했을 때 가장 큰 수
는 얼마일까요?

본격적으로 연산 문제집이나 학습지를 시작하기 전, 앞에서
언급한 방법을 아이와 실천한다면 수 감각을 탄탄하게 기르고
수학 문제를 마주할 수 있습니다. 여기서는 달력이라는 구하기
쉬운 도구를 활용했지만, 수백판으로도 동일한 활동을 할 수 있
습니다.

7월						
Sun	Mon	Tue	Wed	Thu	Fri	Sat
				1 **8** (1+7)	2 **9** (2+7)	3 **10** (3+7)
4	5	6	7	8	9	10
11	12	13	14	15	16	17
18	19	20	21	22	23	24
25	26	27	28	29	30	31

달력의 일과 월 숫자를 이용해서 배우는 덧셈 예시

로드맵 3단계
연산 학습하기

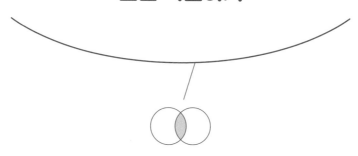

초등 입학 전에 연산은 해야 할지, 말아야 할지 참 말이 많은 부분입니다. 제가 생각하는 연산은 수학 문제를 잘 풀기 위한 도구입니다. 어떤 수학 문제가 나왔을 때 연산이라는 도구가 없다면 그 문제는 그저 글에 지나지 않습니다. 이렇게 도구로써 연산을 해야 한다고 생각한다면, 아이와 함께 공부하는 일이 조금은 덜 부담스럽지 않나 생각해봅니다. 그래도 잘 와닿지 않는다면 이렇게 예를 들어볼게요. 축구 선수는 기초 체력을 기르기 위해 근력 운동을 합니다. 골프 선수도 마찬가지입니다. 모든 운

동선수는 근력 운동을 할 수밖에 없습니다. 근력 운동은 지금 당장 하는 운동의 기술과는 상관없어 보이지만, 기초 체력을 기르는 근력 운동이야말로 근본이기 때문입니다. 이처럼 수학에서 연산은 종목을 망라한 운동선수들의 근력 운동에 해당한다고 생각하면 됩니다.

제가 앞서 제시한 수학 공부 로드맵 1, 2단계를 통해 본격적인 학습 전 워밍업을 했다면, 3단계에서는 연산을 주제로 지면 공부를 시작해봅니다. 연산 공부는 문제집과 떼려야 뗄 수 없는 관계입니다. '미취학 아이들에게 문제집을 풀린다'라고 하면 우선 부정적인 감정이 드는 것은 사실입니다. 교구를 통해 연산을 배우는 방법도 있으나, 최종 확인을 위해 지면으로 볼 수밖에 없는 것이 현실입니다. 다행스럽게도 요즘 나오는 문제집은 엄마 때와는 달리 매우 다양해 선택권이 넓으며, 아이들이 흥미를 보일 만한 부록도 잘 갖춘 편입니다. 별도로 교구를 사지 않더라도 그 역할을 대체하는 것들이 있으며, 여러 가지 그림 자료로 아이들의 이해를 돕는 경우도 많습니다.

초등 입학 전 수학 공부에서 큰 비중을 차지하는 연산, 어떤 문제집으로 아이와 첫 연산을 시작하면 좋을지 차근차근 알아보겠습니다.

연산 공부를 시작하기 전, 우리 아이 체크 리스트

☐	연필을 잡고 선 긋기를 할 수 있다.
☐	물건을 셀 수 있다.
☐	1부터 10까지 숫자를 쓸 수 있다.
☐	1부터 10까지 숫자를 셀 수 있다.
☐	+(더하기) 기호의 의미를 알고 있다.
☐	-(빼기) 기호의 의미를 알고 있다.
☐	수 세기, 비교하기 등 수학 활동을 유난히 좋아한다.
☐	한자리에 앉아서 하는 활동을 10분 이상 할 수 있다.

이 중 6개 이상을 체크했다면 문제집으로 연산 공부를 시작할 준비가 충분히 되었다고 볼 수 있습니다. 연산 문제집을 풀려면 적어도 선 긋기 정도는 능숙히 하고, 글씨를 쓸 수 있어야 하기 때문입니다. 여기에 수 세기, 비교하기 등 수학 활동을 좋아한다면 정말 금상첨화입니다. 사실 숫자를 쓰는 일이 글자를 쓰는 일보다는 쉽기에 상대적으로 연산 문제집을 수월하게 생각하는 경우도 있습니다. 하지만 연산은 제가 아는 수학 활동 중 가장 지겨운 동시에 가장 반복적인 활동입니다. 처음에는 말

그대로 처음이라 재미있더라도 연산 문제집은 하면 할수록 지겨울 수 있기에 미취학 시기에는 체계적으로 준비한 후에 시작해야 합니다. 그래야 오래 버틸 수 있고, 오래 버티는 과정 중에서 수학 효능감이 자라나며 탁월한 수학 실력의 밑바탕이 되는 것입니다.

연산 공부를 시작하기에 좋은 문제집

아이와 함께 연산 공부를 시작하기로 했다면 전체적으로 어떤 문제집이 있는지 반드시 살펴봐야 합니다. 다른 아이들이 많이 푸는 문제집이라도 우리 아이한테는 맞지 않을 수 있고, 또 꼼꼼하게 비교해보고 사도 될 만큼 많은 각기 다른 특징을 가진 문제집이 존재하기 때문입니다.

앞서 이야기했지만, 미취학 시기에 연산 문제집을 푸는 것이 다소 이르다고 생각하는 경우도 많습니다. 하지만 연산 문제집은 안 푸는 것보다는 푸는 것이 초등학교에 입학하고 나서 수학 문제를 풀 때 조금 더 적응하기 수월합니다.

처음에는 학교에서도 쌓기 나무나 수 막대 등 구체물이나 교구를 사용해 덧셈과 뺄셈을 가르쳐줍니다. 그리고 나서 눈에 보이는 활동에서 눈에 보이지 않는 활동의 마지막으로 식으로 구성된 문제를 풀게 되는 것입니다. (물론 연산 문제집을 풀다가 아이가 잘 이해하지 못할 때 구체물이나 교구를 꺼내 알아보는 활동도 매우 좋습니다.) 학교마다 다르겠지만, 빠르면 1학년부터도 단원 평가나 연산 평가라는 이름의 시험이 있기도 하니, 가볍게 연산 문제집 한두 권 정도 풀어보는 것을 추천합니다.

다음은 초등 수학 교육 전문가이자 문제집 큐레이터로서 제가 자신 있게 추천하는 초등 입학 전 아이와 함께 즐겁게 풀 만한 문제집 3종과 그 특징입니다.

기적의 계산법 P단계 (길벗스쿨)

	구성	- 총 6권 - 일주일에 4일 학습 분량, 한 권당 8주 학습 분량 - 1권(P1)~3권(P3)은 5~6세 추천, 4권(P4)~6권(P6)은 6~7세 추천
	특징	- '연산 시각화 학습법'으로 수식에 앞서 직관적인 이미지로 먼저 보여줌 - QR 코드로 된 온라인 학습 진단으로 아이 수준에 맞는 책 선택 가능 - 첫 시작 문제집으로는 괜찮으나 후반부는 큰 수가 나와 다소 어려울 수도 있음

소마셈 K단계, P단계(soma소마)

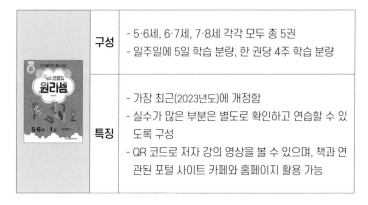

구성	- K단계 총 8권, P단계 총 8권 - 일주일에 5일 학습 분량, 한 권당 4주 학습 분량 및 보충 연산 - K단계는 5~7세 추천, P단계는 7~8세(초등 1학년) 추천
특징	- 한 단계의 양이 다소 많은 편으로 그만큼 자세히 학습 가능 - 한 가지 연산 과정을 여러 가지 구체물이나 상황으로 제시해 원리를 익히도록 함 - 포털 사이트 관련 카페에서 부록처럼 지도 방법 등을 알 수 있음

키즈 원리셈 5·6세, 6·7세, 7·8세(천종현수학연구소)

구성	- 5·6세, 6·7세, 7·8세 각각 모두 총 5권 - 일주일에 5일 학습 분량, 한 권당 4주 학습 분량
특징	- 가장 최근(2023년도)에 개정함 - 실수가 많은 부분은 별도로 확인하고 연습할 수 있도록 구성 - QR 코드로 저자 강의 영상을 볼 수 있으며, 책과 연관된 포털 사이트 카페와 홈페이지 활용 가능

연산 실력을 레벨 업시키는 사고력 연산 문제집

미취학 단계의 연산 문제집을 아이가 열심히 풀었는데도 왠지 모르게 아쉬운 마음이 들 때가 있습니다. 또는 아이가 잘 따라 줘 연산 문제집의 진도가 너무 빨리 나가서 이렇게 해도 괜찮은지 하는 생각이 들 때도 있습니다. 이럴 때 제가 추천하는 것이 사고력 연산 문제집입니다. 사고력 연산 문제집은 사고력 문제와 수·연산 영역을 합친 것으로, 연산을 조금 더 생각하며 풀수 있도록 다양한 문제를 제시해놓았습니다.

사고력 연산 문제집은 확실히 문제의 수준이 조금 더 높은 편입니다. 스토리텔링 수학이 대중화되고 문장제 및 서술형 문제가 늘어나는 등 최근 수학 교육 경향에 따라 요즘은 더 많은 사고력 연산 문제집들이 출시되고 있지만, 저는 그중에서도 3종을 추천해 소개하고자 합니다.

팩토연산 P단계(매스티안)

	구성	- 총 5권 - 한 권당 4주 학습 분량 - 평균적으로 7~8세 추천(단, 빠르면 6~7세도 가능)
	특징	- '초등 창의 사고력 수학 팩토'의 연산 문제집 버전 - 1일 차의 학습 분량이 6페이지로 다소 많은 편

응용연산 P단계(씨투엠에듀)

	구성	- 총 4권 - 일주일에 5일 학습 분량, 한 권당 4주 학습 분량에 형성 평가가 있음 - 평균적으로 7~8세 추천(단, 빠르면 6~7세도 가능)
	특징	- 원리 연산→응용 연산→형성 평가의 주차별 구성 - 응용문제가 늘어난 교과서 변화에 맞춰 계산을 넘어 응용문제를 잘 풀기 위한 내용 위주의 구성 - 하루 분량이 4페이지로 부담 없이 학습 가능

상위권연산960 P단계(시매쓰출판)

	구성	- 총 6권 - 한 권당 4주 학습 분량 - 평균적으로 6~7세 추천
	특징	- 연산 지식을 바탕으로 수학 사고력 계발을 지향하는 책 - 기본 연산이 어느 정도 이뤄진 후에 복습하는 책으로 추천 - 단순한 연산 문제를 넘어선 문제들이 많아 난이도가 쉽지 않은 편

로드맵 4단계
사고력 수학 도전하기

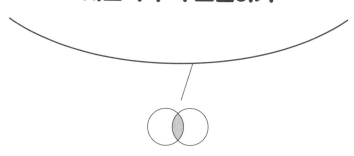

사고력 수학은 다양한 정의가 있지만, 저는 '생각하는 힘을 길러 주는 재미있는 수학'이라고 말하고 싶습니다. 물론 이러한 정의는 초등 저학년까지만 통할지도 모릅니다. 하지만 이 책은 미취학 자녀를 둔 부모님을 대상으로 하기에 앞서 제가 이야기한 바대로 사고력 수학을 정의하는 것이 부모와 아이 서로가 수학에 대한 반감을 가장 적게 가지는 길이라고 생각합니다. 실제로 미취학 아이들을 위한 사고력 수학 문제집을 살펴보면 '이런 문제도 사고력 수학이야?' 하는 것들이 많이 있습니다. 그림자만 보

고 원래의 모양을 유추하는 문제라든지, 노노그램(네모로직퍼즐)부터 스도쿠까지 우리가 흔히 아는 수학 퍼즐도 아이들의 눈높이에 맞춰 등장합니다.

다시 말해 수학적 사고를 연습하기 위한 문제 모음을 사고력 수학이라고 부르는 것 같습니다. 사고력 수학 안에는 칠교놀이 등 교구 수학과 할리갈리와 루미큐브 등 보드게임이 모두 포함됩니다. 이처럼 굳이 문제집 형태가 아니어도 사고력 수학은 우리 주변에서 많이 찾아볼 수 있습니다.

어느 정도 연산을 할 수 있고, 또 한글 실력이 뒷받침된다면 본격적으로 사고력 수학을 시작해도 되는 때가 왔다고 볼 수 있습니다. 5~6세를 위한 사고력 수학까지는 엄마가 대신 읽어주면서 문제를 풀어도 괜찮습니다. 대부분 문제집이 그렇게 구성되어 있고, 스티커 붙이는 활동이 많기에 무리가 없습니다. 하지만 6~7세를 위한 사고력 수학부터는 조금 더 문제집 같은 느낌이 나고, 한글 문해력을 갖추지 못하면 이해하기 힘든 내용도 많습니다. 사고력 수학을 시작하기 전에 엄마는 우리 아이가 한글 문해력을 갖췄는지 꼭 확인해야 합니다.

그럼 이제부터 사고력 수학을 시작하기 전에 우리 아이가 준비되어 있는지 확인하고, 만약 준비되어 있다면 어떻게 시작하고 더 나아갈 수 있는지 알아보겠습니다.

사고력 수학을 시작하기 전, 우리 아이 체크 리스트

☐	자기 이름을 정확하게 쓸 수 있다.
☐	한 문장을 읽을 때 한두 번 막히더라도 한글을 읽을 수 있다.
☐	1부터 10까지 숫자를 쓸 수 있다.
☐	'한 자리 수+한 자리 수' 연산이 가능하다.
☐	'한 자리 수-한 자리 수' 연산이 가능하다.
☐	뛰어 세기의 의미를 알고 있다.
☐	왼쪽과 오른쪽을 구별할 수 있다.
☐	한자리에 앉아서 하는 활동을 15분 이상 할 수 있다.
☐	좋아하는 보드게임이 있다.
☐	연산, 비교하기, 분류하기 등 수학 활동을 좋아하는 편이다.
☐	O, X, V 표시를 할 수 있다.

엄마와 매 과정을 함께하는 사고력 수학은 앞선 체크 리스트와 무방하게 시작해도 괜찮지만, 아이 스스로 하는 사고력 수학은 어느 정도 준비가 된 후에 시작해야 합니다. 이 중에서 6개 이상 체크했다면, 드디어 아이 스스로 사고력 수학 공부를 할

준비가 되었다고 볼 수 있습니다.

사고력 수학 문제집을 살펴보다 보면 만감이 교차합니다. 아이가 즐겁게 풀 만한 내용이 있는가 하면, 이런 문제까지 풀면서 수학을 공부해야 하나 싶은 내용도 있습니다. 대표적인 예로 스도쿠나 노노그램이 있는데, 이 부분을 배울 때 많은 아이가 재미있어했던 기억이 납니다. 하지만 논리 추론과 경우의 수는 아이도 엄마도 좋아하지 않는 부분입니다. 아이가 좋아하는 부분과 좋아하지 않는 부분이 둘 다 꼭 필요하냐고 묻는다면 저는 그럴 수도 있고 아닐 수도 있다고 대답하고 싶습니다.

아이가 태어나 엄마 젖을 떼고 밥을 먹는 데까지 걸리는 시간은 최소 6~7개월입니다. 미음부터 시작해서 밥알까지 도달하는 데만도 그만큼의 시간을 보내야 합니다. 사고력 수학 공부도 마찬가지입니다. 아이에게 생각하는 힘을 길러주는 일은 정해진 때가 없고, 무엇이 아이에게 도움이 되는지 안 되는지도 직접 해봐야 알 수 있습니다. (어떤 아이들은 역설적이게도 경우의 수를 가장 즐거워하기도 하니까요!) 아이가 어리다면 무엇이든 엄마와 함께 즐겁게 접할 수 있고, 어느 정도 커서 시작한다면 혼자 공부하며 자기 속도에 따라 차근차근 접근할 수도 있습니다. 그렇지만 저는 가성비가 좋은 때를 기다리기보다는 오늘 당장이라도 시작하라고 권하고 싶습니다. 하루 한 장이 주는 힘은 정말 대단하기 때문입니다.

사고력 수학을 시작하기에 좋은 문제집

사고력 수학 문제집이라고 하면 왠지 어려워 보이고 푸는 데 힘이 들 것만 같습니다. 하지만 아이들이 시작할 때 흔히 접하는 문제집은 그렇지 않습니다. 생각보다 그림, 즉 시각적 자료가 많이 등장해 흥미를 돋우고, 스티커를 다양하게 활용해서 글씨 쓰기가 미숙해도 충분히 할 수 있습니다. 여기서는 5세부터 시작할 수 있는 문제집을 소개하려고 합니다. 저자나 출판사마다 구성과 목표하는 바가 다르니 우리 아이와 잘 맞는 문제집을 선택해 사고력 수학을 현명하게 시작하면 좋겠습니다.

즐깨감 수학(와이즈만북스)

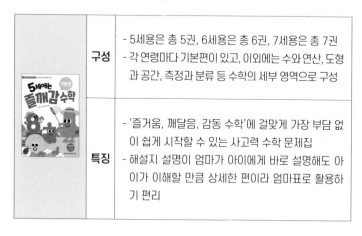

	구성	- 5세용은 총 5권, 6세용은 총 6권, 7세용은 총 7권 - 각 연령마다 기본편이 있고, 이외에는 수와 연산, 도형과 공간, 측정과 분류 등 수학의 세부 영역으로 구성
	특징	- '즐거움, 깨달음, 감동 수학'에 걸맞게 가장 부담 없이 쉽게 시작할 수 있는 사고력 수학 문제집 - 해설지 설명이 엄마가 아이에게 바로 설명해도 아이가 이해할 만큼 상세한 편이라 엄마표로 활용하기 편리

팩토슐레 수학(매스티안)

	구성	- 1단계, 2단계, 3단계 각 단계별로 6권씩 구성 - 각 권마다 30가지의 재미있는 활동 수록 - 각 단계마다 수, 연산, 도형, 측정, 규칙, 문제해결력의 수학의 세부 영역으로 구성
	특징	- 유치원 누리 과정 및 초등 수학 과정에 기반한 사고력 수학으로 접근하기가 쉬운 편 - 앱을 이용해 가정에서도 충분히 학습 설계 가능 - 앱으로 증강 현실 및 사물 인식 기술을 활용할 수 있어 아이들의 호기심을 자극 - 포털 사이트 팩토 카페를 통해 수학 교육과 관련된 다양한 자료와 정보 제공

진짜 진짜 킨더 사고력 수학(시소스터디)

	구성	- 총 4권 - A 수, B 연산, C 도형, D 생활수학으로 구성
	특징	- 전체적으로 5~6세용이지만 사고력 수학이 처음이면 쉽지 않은 편 - 영재 교육 전문 교사가 만든 책으로 진도가 빠른 편 - D 생활수학의 경우, 일상생활과 수학의 연결고리가 좋은 편

사고력 수학의 시작 팡세(써투엠에듀)

	구성	- S단계와 P단계 각 단계별로 4권씩 구성 - S단계는 5~6세 추천, P단계는 6~7세 추천 - 각 단계마다 패턴, 퍼즐과 전략, 유추, 카운팅의 사고력 수학 세부 영역으로 구성
	특징	- 여러 가지 풀이법을 배우므로 사고력 문제 해석의 기초를 다지는 데 탁월 - 하루 10분 한 장 학습으로 아이들이 느끼는 부담감 최소화

매쓰 파워 빌더스(오르다)

	구성	- 5세, 6세, 7세로 구성 - 워크북(활동지), 스티커북, 교수법, 매쓰 블록 카드, 매쓰맥 등 교구로 구성 - 수와 연산, 대수(규칙성), 기하(도형), 측정, 자료 분석과 확률(자료와 가능성)에 기반한 내용 구성
	특징	- 각 연령별로 교구가 함께 있어 구입 가능하나 없어도 활용 가능 - 교수법(학부모 가이드)이 아주 꼼꼼해 엄마표로 활용하기 편리

사고력 수학 실력을 레벨 업시키는 고난도 문제집

아이와 기초 사고력 수학 문제집을 공부하다 보면 어느 순간부터는 같은 진도 내에서 조금 더 어려운 내용을 공부해야 하나, 아니면 아예 더 높은 레벨(연령이나 학년)로 나아가야 하나 엄마의 내적 갈등이 생깁니다. 아이가 문제를 쉽게 해결하면 할수록 엄마가 그런 갈등을 하는 것은 당연한 일입니다.

저는 아이가 기초 사고력 수학 문제집을 잘 풀어낸다면 미취학 시절에는 같은 진도 내에서 조금 더 난이도 있는 문제에 도전하기를 권유하는 편입니다. 때가 되면 진도는 달라지기 마련인데, 미취학 시기의 아직 어린아이들에게 연령이나 학년을 넘나드는 높은 수준의 사고력 수학 문제는 오히려 빨리 지치게 할 수 있습니다. 장기적인 안목으로 봤을 때 난이도를 조금씩 올리며 스며들게 하는 것이 아이와 수학을 더 친해지게 만드는 엄마표 교육의 장점이 아닐까 싶습니다.

미취학 시기의 사고력 수학 문제집에도 난이도가 있습니다. 같은 단계라서 모두 동일 난이도는 아니지만, 아이들이 실제로 풀었을 때 난이도가 높다고 느낄 만한 문제집으로는 무엇이 있는지 알아보겠습니다.

상위권수학 960 P단계(시매쓰출판)

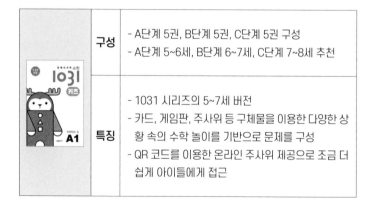	구성	- 총 3권, 각 권별로 도형, 측정, 문제해결로 구성 - 하루에 3장씩 학습 분량 - 평균적으로 6~7세 추천
	특징	- 직접 써야 하는 활동이 많은 편 - 다각도로 생각해야 하는 문제 다수 수록

영재사고력수학1031 키즈(시매쓰출판)

	구성	- A단계 5권, B단계 5권, C단계 5권 구성 - A단계 5~6세, B단계 6~7세, C단계 7~8세 추천
	특징	- 1031 시리즈의 5~7세 버전 - 카드, 게임판, 주사위 등 구체물을 이용한 다양한 상황 속의 수학 놀이를 기반으로 문제를 구성 - QR 코드를 이용한 온라인 주사위 제공으로 조금 더 쉽게 아이들에게 접근

최상위 사고력 7세 Pre(디딤돌교육)

	구성	- Pre-A, Pre-B 2권 구성 - 7세 추천
Prè A 최상위 사고력	특징	- 7세용이나 문제의 수준이 높아 미취학이 풀기는 다소 어려운 편 - 학원 레벨 테스트 전에 총 정리하면서 푸는 용도로 활용 - 문제가 깔끔하고 군더더기 없으며 사고력 수학 문제집의 압축 형태로 다양한 문제 유형 수록

수학 교구와 보드게임

수학의 기본 이해를 돕는 '수학 교구'

수학을 공부할 때 교구가 무조건 있어야 하는 것은 아니지만, 있으면 확실히 도움이 됩니다. 수 세기만 해도 1부터 100까지 쉽게 이해하고 받아들이는 아이가 있는가 하면, 한 자리부터 세 자리까지 차근차근 배우고 익혀야 하는 아이도 있습니다. 이때 후자의 경우 아이에게 잘 맞는 교구가 있다면 학습이 훨씬 수월해질지도 모릅니다.

물론 모든 아이에게 수학 교구가 필요하고 절대적인 것은 아니지만, 초등학교 수학 시간에 사용하는 필수 교구들이 있습니다. 수학 교과서에 등장하는 칠교, 쌓기 나무, 지오보드, 패턴 블록, 소마 큐브 등은 하나쯤 미리 장만해도 괜찮습니다. 학교 수업에서 사용하기에 시중에서 쉽게 구할 수 있고 비용도 저렴한 편입니다.

하지만 수학 공부를 위해 적게는 몇십만 원부터 많게는 몇백만 원까지 엄마의 조급함을 자극하고 죄책감을 노리는 비싼 교구에 투자하는 것은 엄마와 아이 모두를 힘들게 할 수도 있습니다. 엄마도 사람이기에 비용이 많이 들어간 교구에는 그만큼 효과를 기대하기 마련입니다. 당연히 중고로 팔 생각도 없고, 아이가 신나게 부수고 던져도 괜찮다는 생각이라면 저는 비싼 교구의 구매를 반대하지 않습니다. 반대로 아이가 혹시나 교구의 한 조각이라도 잃어버릴까 전전긍긍하고, 내 예상대로 따라오지 않는다고 실망한다면 저는 교구의 구매를 추천하지 않습니다. 비싼 교구가 계륵이 될 것이 불 보듯 뻔하기 때문입니다.

요즘은 인터넷에서 수학 교구를 쉽게 구할 수 있습니다. 저렴한 것으로 사서 아이와 한번 해보고 더 비싼 교구를 들여도 늦지 않습니다. 의외로 아이가 교구 없이도 수학을 잘할 수 있고, 교구 수학이 아이와 잘 맞지 않는 것 같다면 과감하게 안 해도 됩니다. 누구나 할 수 있지 않고, 누구나 해야 할 필요도 없기 때문입니다. '비싼 교구가 없어서 우리 애가 수학을 못하는 건 아닐까?' 이런 죄책감을 절대 느끼지 않기를 바랍니다. 1~2만 원짜리 가성비 교구로 수학 공부를 시작해도 정말 괜찮습니다.

초등 필수 수학 교구 리스트

칠교	소마 큐브	지오보드

수학적 사고력을 키우는 '보드게임'

아이를 키우면서 보드게임이 하나도 없는 집은 없을 것입니다. 우선 몸으로 양껏 놀아주기가 너무 힘든 엄마에게 보드게임은 놀이와 동시에 사고력까지 길러주기에 일거양득의 활동입니다. 어릴 때 부루마불을 단 한 번도 안 해본 어른이 있을까요? 어른에게도 그때의 부루마불은 어디에 도움이 되는지도 모른 채 친구들과 함께하던 즐거운 놀이일 뿐이었습니다. 하지만 시간이 흘러 어른이 되어 아이를 낳고 길러보니 부루마불이 어디에 도움이 되었구나, 내가 부루마불을 하면서 돈 계산하는 방법을 배웠구나… 이런 생각을 분명히 했을 것입니다.

이처럼 보드게임은 하나의 활동을 함으로써 다양한 장점을 얻을 수 있습니다. 전략을 세우는 능력이 발달하고, 계산이 점점 빨라지며, 파산 직전에서 부활하는 끈기가 생기기도 합니다. 보드게임을 통해 이 모든 것을 경험한 어른들은 이러한 장점을 절대 놓치지 않았습니다. 아이를 잘 키우기 위해 무엇이든 만들어내는 어른들은 보드게임 역시 유아용으로까지 확대해 만들기 시작했습니다. 이에 따라 미취학 어린아이들이 즐길 수 있는 보드게임이 나왔고, 교육적 효과를 내세운 보드게임이 개발되었으며, 심지어는 전용 학원까지 등장했습니다. 요즘은 보드게임을 전혀 모르는 엄마라도 유튜브를 조금만 찾으면 친절한 시연 영상까지 볼 수 있는 세상이 되었습니다.

보드게임과 수학적 사고력의 상관관계
보드 위에서 일정한 규칙에 따라 주사위, 카드, 말 등의 도구를 사용해 2명 이상이 진행하는 게임을 흔히 보드게임이라고 합니다. 비디오 게임이나 휴대폰 게임과는 달리 엄마와 아이가 직접 눈을 마주 보고서 하는 게임입니다. 과연 보드게임이 수학적 사고력에 도움이 될까요?
저의 대답은 무조건 "Yes!"입니다. 보드게임은 대부분 상호 작용을 해야만

게임이 진행됩니다. 규칙을 알아야 하고, 전략도 세워야 합니다. 이때 어떤 보드게임은 수를 이용해서 수·연산 사고력에 도움이 되기도 하고, 또 다른 보드게임은 위치와 방향을 익히는 데 도움이 되기도 합니다. 보드게임은 그 어떤 것이라도 단 하나의 영역에만 영향을 미치지 않는다는 점에서도 사고력 수학과의 첫 만남으로 가장 좋다고 생각합니다.

물론 엄마의 입장만 놓고 보면 '아직 너무 어려 내 말귀도 제대로 못 알아듣는 아이와 대체 보드게임이 가당하기나 한 걸까?'라는 생각이 들지도 모릅니다. 저 또한 그랬으니까요. 당시에는 저도 초보 엄마라 아이가 상황을 이해하고 규칙을 기억할 수 있게 반복적으로 알려주고 친절하게 설명해줘야 한다는 점을 고려하지 못했습니다. 당연히 시작부터 완벽하게 이해할 수는 없습니다. 하지만 보드게임은 늘 변수로 가득합니다. 같은 게임을 해도 매번 승자가 바뀌는 것처럼 승리하는 전략 또한 언제나 새롭기 마련입니다. 즉, 같은 게임을 반복적으로 하면서도 아이의 전략적 사고가 성장함을 느낄 수 있습니다.

사고력 수학을 시작하긴 해야겠는데, 문제집도 학원도 두려운 엄마라면 보드게임으로 아이와 즐겁게 놀아주면서 수학적 사고력까지 길러보는 것은 어떨까요?

혼자 해도 재미있고 효과적인 1인용 보드게임

사실 저는 아이와 잘 놀아주는 엄마는 아니었습니다. 그런 제 앞에 커다란 선물이 등장했는데, 바로 1인용 보드게임이었습니다. 몇 가지 규칙만 차근차근 가르쳐주면 아이 혼자서도 충분히 할 수 있고, 또 시간도 잘 가는 편이어서 초등 입학 전 시기에 아이와 저에게는 정말로 소중한 아이템이었습니다.

① **코잉스**(행복한바오밥)
구멍이 뚫린 테트로미노 조각을 여러 가지 판 위에 맞춰보는 게임입니다. 도

형 감각을 기르기에 더없이 좋고, 항상 같은 모양이 아니라 뒤집어서 생각할 줄도 알아야 하는 즐거운 1인 보드게임입니다. (코잉스 패밀리라는 이름으로 2인용 버전도 출시되었으니 참고 바랍니다.)

② 호퍼스(코리아보드게임즈)

개구리가 서로 점프하며 카드에 적힌 미션을 해결하는 게임입니다. 크기가 크지 않아서 여행용으로 들고 다니기에 적합하며, 정리가 간단해서 박스를 잃어버린다고 해도 보관이 용이한 편입니다.

③ 컬러 코드(코리아보드게임즈)

투명판 위에 적힌 여러 가지 도형을 이용해서 미션 카드를 만들어보는 게임입니다. 어떤 것을 먼저 놓느냐에 따라 다양한 모양과 색이 등장하기 때문에 미션 카드를 해결하는 것이 생각보다 만만하지가 않습니다. 난이도가 쉬운 편은 아니어서 흥미를 잃는 친구들도 있지만, 그래도 100문제 전부를 해결하고 나면 수학적 사고력에 도움이 될 것입니다.

아이와 신나게 대결하기 좋은 다인용 보드게임

초등 입학 전에는 아이와 전략적인 카드 게임, 즉 인생게임 같은 것을 하려면 엄마가 해야 하는 일이 너무 많기에 되도록 단순한 대결 게임을 하는 편이 좋습니다. 다음은 저희 아이가 미취학 시기에 유독 좋아했던 것 중에서 단순하면서도 여전히 사랑하는 보드게임입니다.

① 사목놀이(조엔)

저렴한 가격으로 가성비가 훌륭한 데다, 규칙이 간단해서 아이와 하기에 꽤 좋은 게임입니다. 4개가 한 줄이 되면 이기는 게임이지만, 중력(?)의 작용에 따라 칩이 모두 아래로 떨어져야만 하기에 마냥 쉽게만 생각할 수 없는 게

임이기도 합니다. 보통 어른들이 잘할 거라 생각하고 시작하지만, 아이들이
이기는 경우도 많으므로 방심해서는 안 됩니다.

② **씽크로스**(시그마웰)
사목놀이가 단순히 아래로 떨어지는 한 면의 게임이라면, 씽크로스는 5면으
로 확장된 게임입니다. 최대 4명까지 할 수 있고, 2명도 충분히 할 수 있습
니다. 윗면을 포함해 어느 면이든 4개가 한 줄이 되면 이기는 게임을 기본으
로 다양한 확장 게임이 존재합니다.

③ **큐비즈**(행복한바오밥)
제 딸아이가 제일 처음 시작한 보드게임입니다. 표정만 맞추면 되는 게임이
라 어렵지 않고, 무엇보다 순발력이 중요합니다. 나무토막을 잘 기억했다가
적재적소에 배치해서 카드에 그려진 표정과 똑같이 맞추면 카드를 획득하는
데, 최종적으로 카드가 가장 많은 사람이 이기는 게임입니다.

수학 학습지 선택법

수학 학습지는 수학 학원이나 과외 등 다른 활동에 비해서 매달 나가는 비용이 저렴한 편입니다. 1분당 비용으로 계산하면 그렇게까지 저렴한 편은 아니지만, 1대1에 선생님이 집까지 방문한다는 점을 고려하면 가성비 좋은 학습이라고 할 수 있습니다.

요즘은 미취학 어린아이들을 위한 수학 학습지를 회사마다 기다렸다는 듯이 출시하고 있습니다. 저는 콘텐츠가 아무리 좋아도 학습지를 선택할 때 최고의 고려 대상은 선생님이라고 생각합니다. 어린아이들의 수학 공부 내용은 대동소이하기에, 오히려 좋은 선생님이 함께해야 아이가 흥미를 잃지 않고 수학을 대할 수 있다고 생각하기 때문입니다. 그리고 학습지를 하나만 딱 골라 추천해달라고 해서 그렇게 해도 결국에는 우리 아이의 스케줄과 맞는 학습지가 저마다 다르기에 의미가 없습니다. 그러므로 학습지를 하기로 마음먹었다면 반드시 대표 전화나 홈페이지에 문의하고 시작하는 것이 좋습니다. 또 아이가 진학할 초등학교나 아파트 단지 앞, 유아 교육전에서 판촉 행사를 할 때도 있습니다. 이런 경우에는 일반 신청보다는 사은품을 더 많이 받을 수도 있으므로 특정 시기를 잘 노려봐도 좋습니다.

모든 교육이 그러하겠지만 학습지 역시 단기간에 효과를 보는 경우는 사실상 없습니다. 꾸준히 2~3년 정도 진행하고 나서야 학습지를 통해서 분명 얻은 바가 있다고 느낄 것입니다. 단기간에 효과를 보고 싶은 학부모에게 학습지는 절대 추천하지 않습니다.

수학 학습지 리스트

눈높이(noonnoppi.com)	눈높이 사고력 수학, 눈높이 코어 수학, 눈높이 스쿨 수학
구몬학습(kumon.co.kr)	숫자가 크는 나무, 구몬 수학, 브레인 쏙쏙
재능교육(jei.com)	재능 스스로 수학, 생각하는 리틀 피자, 생각하는 피자
장원교육(jangone.co.kr)	아이별 교과수학, 아이별 맞춤수학

사고력 수학 학습지의 갓성비 눈높이

눈높이 사고력 수학은 초등 과정부터 중등 과정까지 있습니다. 사고력 학습지이지만, 기초 사고력(연산 영역)과 논리 사고력(사고력 수학 영역)이 함께 있어 두 부분을 동시에 채워줍니다. 하지만 그러다 보니 연산과 사고력이 각각 왠지 모르게 부족하다는 느낌이 들 수도 있습니다.
초반부는 주로 패턴에 맞춰 구성되어 아이들이 힘들지 않게 학습지를 할 수 있고, 반복 연산으로 학습지라면 학을 뗀 엄마들도 괜찮다는 인식을 가질 수 있습니다. 그렇다고 초반부처럼 계속 쉬운 영역만 나오는 것은 아닙니다. 후반부로 갈수록 논리 사고력이 강화되어 엄마가 설명해주기 까다로운 문제도 등장합니다. 이런 부분은 선생님의 도움을 받아 조금 더 쉽게 갈 수 있습니다. 그리고 같은 가격으로 2가지를 진행하니 가성비 역시 괜찮은 편입니다. 많은 편은 아니지만 한 주에 하나씩 교구를 맞추는 부분도 있어 교구 수학역시 적당히 체험해볼 수 있습니다.

눈높이는 가성비가 좋은 학습지이지만, 일주일에 한 번 15분의 수업으로 대단한 효과를 기대하는 분에게는 추천하지 않습니다. 그리고 엄마가 숙제 여부를 확인해야 하는 번거로움도 있습니다. 저는 눈높이를 직접 수업하기는 힘들어도 숙제는 꼼꼼히 봐줄 수 있는 엄마들, 또 스스로 정해진 숙제를 잘해나가는 아이들에게 추천합니다.

열 학원 부럽지 않은 융합 사고력 재능 피자

재능 생각하는 리틀 피자, 생각하는 피자는 대형 통합 사고력 학원의 유아버전이라고 할 만큼 꽤 괜찮은 커리큘럼으로 구성되어 있습니다. 재능 스스로펜의 적용도 가능해서 아직 읽기가 수월하지 않은 아이도 혼자 해볼 수 있습니다. 만 2.5세부터 할 수 있으니, 생후 30개월 정도의 아이도 도전해볼 수 있는 학습지라고 생각하면 됩니다.

재능 피자는 사고력과 관련된 문제해결, 탐구 지능, 언어 지능, 수 지능, 공간 지능, 기억, 분석, 논리 형식, 창의적 사고의 총 9개 학습 영역을 골고루 다룹니다. 그러다 보니 한 부분을 깊게 파고드는 것 같지 않아 얕다는 생각이 들기도 합니다. 그러나 재능 피자는 그동안 우리에게 쌓인 학습지에 관한 좋지 않은 편견을 깨버릴 만큼 재미있게 구성되었으며, 아이들이 공부하면서 힘들어하지 않는다는 장점이 있습니다. '아직 어린아이를 데리고 어떤 공부부터 시작해야 할까?'라고 고민하는 엄마에게 재능 피자는 '아이에게 공부를 시킨다'라는 죄책감을 확실히 덜어줄 것입니다. 공부보다는 놀이에 가까운 학습지이기 때문입니다.

재능 피자는 생각하는 리틀 피자에서 생각하는 피자까지, 즉 만 2.5세부터 초등학교 6학년 과정까지 있습니다. 그렇기에 장기적 관점을 갖고 접근한다면 아이에게도 엄마에게도 꽤 만족스러운 학습지가 될 것입니다.

엄마 상황별 맞춤 수학 학원

요즘은 초등학교 입학 전에 아이를 수학 학원에 보내는 부모가 점점 늘어나는 추세입니다. 학군지 유아 사고력 수학 학원의 경우, 자리가 별로 없을뿐더러, 들어가려면 심지어 시험을 보고 몇 달씩 대기해야 하는 곳도 허다합니다. 왠지 모를 경쟁 앞에서 위축이 되기도 하지만, 우리 아이의 실력이 어느 정도인지 궁금해서 문을 두드리기도 합니다. 과연 어린아이를 학원에 보내는 일이 나쁜 것일까요? 제값 못 하는 일에 돈을 쓰게 될까 봐 걱정이라면 저는 항상 보내보고 그만둬도 늦지 않다고 이야기하는 편입니다.

세상에는 학원이 정말 많습니다. 그중에서 어떤 학원이 우리 아이와 맞을지는 아무도 모릅니다. 또 아이의 기관이나 다른 학원 스케줄로 인해 다니지 못할 수도 있습니다. 시험을 봤는데 실력이 안 되어 들어가지 못할 확률도 있고요. 이 모든 경우의 수를 배제한 채 그저 학원을 나쁘게만 보는 것은 옳지 않은 시선입니다. 우선은 보내보고, 그다음에 아이와 맞지 않는다면 그만둬도 괜찮습니다. 아이가 학원에서 보낸 시간이 그저 의미 없는 시간은 아닐 테니 말입니다. 같은 학원이어도 선생님에 따라서 좋거나 나쁜 학원이 되기도 합니다. 미취학 시기에 학원을 선택할 때 최우선으로 고려해야 할 조건은 시설도 커리큘럼도 아닙니다. 아이를 담당하는 선생님이 저는 제일 중요하다고 생각합니다. 아직 자리에 앉아 있는 것 자체가 힘든 아이에게 배우는 즐거움이 무엇인지 알려줄 수 있는지, 아이의 무례함에 사랑으로써 예절을 얹어줄 수 있는지 그것이 중요합니다.

이번에는 여러분에게 실질적인 팁을 이야기하고자 합니다. 수학 학원은 생각보다 다양하며, 내가 원하는 방향으로 충분히 보낼 수 있다는 정보를 제공하고자 합니다. 레벨 테스트를 보고 들어가서 문제 풀이를 듣는 학원이 아니라, 수학을 다른 시선으로 즐겁게 볼 수 있게 해주는 학원도 존재한다는 사실을 알려주고 싶습니다. 가보지 않은 길은 두렵기 마련입니다. 이제부터 두려움보다는 정보를 알고 그 안에서 선택의 특권을 누려보기를 바랍니다. 아무것도 하지 않을 권리까지 포함해서 말입니다.

아이와 놀아주기가 힘든 엄마라면, 보드게임 학원

보드게임 학원은 제가 실제로 아들을 키우며 보내봤던 곳입니다. 아이가 다니던 유치원 바로 옆에 있었던 터라 일하는 엄마에게는 유치원을 마치고 다음 코스로 선택하기에 더할 나위 없이 좋은 경우였습니다. 아이를 보드게임 학원에 보내기 전까지 저에게는 2가지 편견이 있었습니다.

하나, 보드게임을 하자고 꼭 돈을 내고 학원에 보내야 하나?
둘, 노는 데 이 돈을 내는 게 맞나?

저는 이런 걸 하자고 학원에 보내야 한다니… 코웃음 치는 엄마였지만 그래도 상황상 어쩔 수 없어 1년이란 시간을 보낼 수밖에 없었습니다.
1년 후 저와 아들은 어땠을까요? 생각보다 대만족이었습니다. 보드게임 학원에서 보드게임만 한다는 생각부터가 제 편견의 시작이었다는 사실을 아이가 학원에 다닌 지 6개월쯤부터 알게 되었습니다. 보드게임 학원에는 보드게임마다 자체적인 워크지가 있었고, 이 보드게임에는 어떤 경우의 수가 있는지, 어떻게 해야 이길 수 있는지를 아이가 스스로 생각해보고 적는 시간이 있었습니다. 물론 아이가 친구들과 게임을 하면서 얻은 사회성은 덤 같은 것이었겠지요?

친구들과 함께 게임을 하면서 그 안에서 승부욕을 자극받기도 하고, 졌을 때는 어떻게 예의를 갖춰야 하는지, 이겼을 때는 진 친구에게 어떻게 말해줘야 하는지 등도 배웠습니다. 세상에서 쓰기를 제일 싫어하던 아들이었는데, 학원에서 쓰기 활동이 많았음에도 단 한 번도 가기 싫다고 한 적이 없을뿐더러 갈 때마다 즐거워했습니다. 유치원을 졸업하면서 보드게임 학원도 막을 내렸지만, 저와 아이에게 모두 좋은 기억으로 남아 있습니다.

그때 1년간의 즐거움이 얼마나 컸는지는 잘 모르겠지만, 여전히 아들은 집에서 보드게임을 만들어 같이하자고 들고 오기도 하고, 마트의 보드게임 코너에 가면 눈이 반짝거리는 아이로 자라고 있습니다. '뭘 이런 것까지 학원에 보내나?'라고 생각하기보다는 엄마와 아이가 처한 상황에 따라 선택한다면 보드게임 학원은 좋은 대안이 될 것입니다.

교구 구매가 부담스러운 엄마라면, 오르다 샘앤클래스

아이의 수학에 관심이 있는 엄마라면 대부분 오르다라는 회사를 알 것입니다. 오르다에서 만들어내는 수많은 보드게임과 교구가 너무 좋아 보이고 또 예쁘니까요. 하지만 과거 아이를 막 낳은 초보 엄마인 저에게 오르다 교구는 몇 번을 그 앞에서 서성이면서도 선뜻 사지 못하는 마치 명품 가방과 같은 존재였습니다. 모르는 척하고 시쳇말로 질러버릴까 수없이 생각했지만,

비싼 교구에 먼지만 쌓일 것이 분명했기에 그럴 수 없었습니다. 우선 사놓고 선생님을 부를 수도 있었지만, 오르다 방문 선생님의 연결이 그때는 쉽지가 않았습니다. 그러다가 만난 곳이 오르다에서 운영하는 학원인 샘앤클래스였습니다.

다행히 제가 살던 지역에 새로운 학원들이 많이 들어왔는데, 오르다 샘앤클래스도 그중 하나였습니다. 비싼 교구를 살 필요 없이 수업료만 내면 아이가 교구로 수업을 받을 수 있고, 교구가 집에 자리도 차지하지 않아서 저에게는 하늘이 내린 동아줄 같은 곳이었습니다. 또 각각의 과정마다 교육 기간이 정해져 있어 계속해서 다녀야 하는 다른 학원에 비해서 어느 정도만 하면 되겠다는 생각이 들기도 했습니다.

오르다 샘앤클래스는 친구들과 함께하는 창의 수학 프로그램을 포함해서 여러 가지 프로그램들이 존재하며, 주 1회 60분 수업으로 구성되어 있습니다. 비용은 지점마다 상이하고, 프로그램 또한 지점마다 편차가 있을 수 있습니다. 교구를 적극적으로 활용하는 수학에 관심이 있다면 한번 알아보기를 바랍니다.

수학 학원에 편견이 있는 엄마라면, 아담리즈수학

저는 엄마표 수학 교육을 시작하고 나서 '수학 학원=문제만 푸는 곳'이라고 생각하는 부모들이 정말 많다는 사실을 알게 되었습니다. 이런 부모들의 편견을 깨기 위해 놀이 수학을 표방하고 아이들에게 수학은 즐겁다는 인상을 심어주는 학원이 있습니다. 바로 아담리즈수학입니다. 아담리즈수학은 미래엔에듀케어에서 운영하는 학원으로, 3세부터 다닐 수 있는 프로그램들로 구성했지만, 실질적으로는 학원마다 시작 시기가 다릅니다.

4세 때는 50분 정도 수업하며 정말 많은 것을 배웁니다. 아이들의 짧은 집중 시간을 고려해 최대한 짧게 짧게 아이들이 배울 수 있는 모든 것을 넣어 둔 느낌이 듭니다. 보드게임도 연령에 맞춘 적당한 규칙을 적용해서 하기도 하고, 여러 가지 구체물로 수학을 눈으로 보여주며 만지는 활동에 주력하는 편입니다. 리즈, 프뢰벨, 로이드, Pre 피타고라스, 피타고라스 총 5개의 단계가 있으며, 아이의 연령에 따라 나뉩니다. 지역마다 다르겠지만 둘째가 아담리즈수학을 갈 때가 4세 여름이었는데, 나름의 테스트를 치르고 들어갔던 기억이 있습니다.

즐거운 놀이 수학을 표방하기에 아이들에게 부담이 적은 편이며, 숙제도 한두 장에 비교적 쉬운 내용이어서 수월하게 할 수 있습니다. 막상 보내고 나면 아이의 반응과는 상관없이 가끔 '이 돈 주고 여기를 다니는 것이 맞나?'라는 고민이 들기도 하겠지만, 수학에 대한 반감을 줄여주는 데 도움이 되는 것은 맞습니다. 저는 아담리즈수학을 전문 선생님에게 제대로 수학의 처음을 배우고 싶은 4, 5세 아이들에게 특히 추천하는 편입니다.

과학과 수학을 모두 잡고 싶은 엄마라면, 와이키즈

와이키즈는 수학 과학 전문 유아 학원입니다. 초등학교 1학년이 되면 와이즈만으로 옮기게 되어, 7세까지 주력으로 다니는 학원이라고 생각하면 됩니다. 와이키즈의 매력은 아이가 5세 때 느낄 수 있는데, 이때는 통합 수업을 진행해 한 주는 과학, 한 주는 수학을 수업하며 2가지 수업을 모두 경험해볼 수 있습니다. 미취학인 어린아이들에게 수학과 과학이라니 첫인상은 엄청 딱딱하게 느껴지지만, 실질적인 수업은 다양한 경험을 기반으로 한 놀이 활동에 가깝습니다.

다른 학원들에 비해서 수업 시간이 긴 편이라 아이들이 힘들어하진 않을까 염려되지만, 생각보다 아이들이 즐거워하며 다니는 경우를 많이 봤습니다.

유아 수학 학원 중에도 경시대회나 조기 선행 학습을 목표로 딱딱하게 판서식 수업을 하는 경우가 있습니다. 하지만 와이키즈는 발문형 수업을 기본으로, 교구와 지면을 적절한 비율로 배합해 수업이 진행됩니다. 그리고 다른 유아 학원과는 달리 같은 연령대에서 난도가 다른 반들이 존재합니다.

PSM(최상위수학)반 같은 경우에는 문제의 수준이 높지만, 아이들에게 놀이식으로 접근해서 어렵지 않게 가르치는 편입니다. 사고력 수학 교재인 '즐깨감 수학'을 만드는 회사라 그런지 조금 더 다양한 문제와 확장된 사고를 경험할 수 있는 환경을 제공하기도 합니다.

3장

초등 입학 전
수학 공부의 완성,
초1 수학 알아보기

어떻게 해야 할까?
초등 1학년을 앞둔 엄마들의 질문

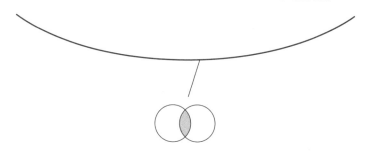

엄마라면 누구나 아이의 초등학교 입학을 앞두고 항상 마음이 불안합니다. 어디선가 '초등학교 입학', '예비 초등'이라는 말만 들어도 괜히 울컥하면서 아직 내 눈에는 아기 같은 아이가 초등학교에 입학한다는 사실이 실감 나지 않습니다. 하지만 엄마의 불안과는 달리 초등학교에 입학하면 생각보다 배움의 과정이 천천히 진행됩니다. 아이가 혹시나 공부를 따라가지 못해 의기소침해지거나 불이익을 받을까 봐 걱정하지 않아도 된다는 말입니다. 다소 아이러니하게 느껴질 수도 있겠지만, 초등학교

에 입학하고 나서 한 달가량은 공부보다는 학교에 적응하는 데 주력합니다. 그러다 보니 본격적인 수업보다는 학교가 어떤 곳인지 알아보기, 친구들과 이야기 나누기 등의 학교 적응 활동을 더 많이 합니다. 아이들이 아직은 낯설기만 한 학교에서 잘 지낼 수 있도록 연습하고, 또 연습합니다. 어떤 아이는 하루 만에도 적응하고, 또 다른 아이는 적응에 한 달이 걸리기도 하겠지만, 어느 정도 시간이 지나면 아이들은 모두 적응합니다. 물론 엄마 욕심에 우리 아이가 조금 더 빨리 적응해 학교생활에 안착하기를 바라는 마음이 크겠지만, 앞서 이야기했듯이 시간의 차이만 있을 뿐 모든 아이는 학교에 잘 적응하니 미리부터 걱정하고 염려할 이유가 전혀 없습니다.

엄마들이 아이를 학교에 입학시키며 가장 걱정하는 부분인 공부도 마찬가지입니다. 초등 1학년 때는 국어, 수학, 통합(봄, 여름, 가을, 겨울이라는 교과서로 배우는 과목으로, 과거 바른 생활, 슬기로운 생활, 즐거운 생활을 한데 합쳐 계절별 활동으로 나눠놓은 과목) 이렇게 3과목만 배웁니다. 이 중에서 수학을 중심으로 설명해보겠습니다.

엄마들이 어릴 때 배웠던 수학과 지금 아이들이 배우는 수학은 우선 산수에서 수학으로 이름이 바뀌었습니다. 하지만 실질적 내용을 살펴보면 생각했던 것만큼 큰 차이는 없습니다. 교과서가 시중의 어떤 문제집 못지않게 예쁘게 디자인되었다는 것, 수학 익힘책의 답안지 수준이 시중 제품의 해설지만큼 높아졌다는 것을 제외하고는 크게 달라지지 않았습니다. 더 높은 사고의 과정이 필요한 확장 문제들이 등장하는 것은 사실이나, 이 또한 아이들의 발달 수준에 맞춘 것들이다 보니 역시 크게 걱정할 필요가 없습니다. 물론 엄마한테는 낯설게 느껴지고, 심지어는 교과서를 보며 이렇게 생각할 수도 있습니다. '우리 때는 이런 거 안 했던 것 같은데? 요즘 아이들에게 너무 많은 것을 바라는 건 아닐까?' 하지만 요즘 아이들이 사는 세상은 다릅니다. 아이들은 시대에 맞춰 적응하며 살아가고 있습니다. 스마트폰을 언제 주든지 우리보다 더 잘 다루는 것만 봐도 아이들이 살아가는 세상은, 또 아이들이 가진 능력은 우리가 생각하는 것 그 이상입니다.

불안감에 사로잡힌 엄마들에게 가끔은 너무하다 싶을 정도로 초등 1학년 입학 전까지 '이것'을 해두지 않으면 안 된다는 뉘앙스의 두려운 말들이 주변을 맴돕니다. 저는 초등 1학년 입학 전에 무엇이든 다 준비해야 한다고 이야기하는 세상 속에서, 수학 교육 인플루언서이자 두 아이의 엄마로서 괜찮다는 말을 한마디쯤 꼭 하고 싶었습니다. 아이들은 엄마가 생각하는 것보다 훨씬 강하고 잘 적응합니다. 어쩌면 변화하는 상황에 적응하지 못하는 건 엄마일지도 모릅니다.

이번에는 예비 초등 엄마들이 자주 하는 단골 질문에 대한 저의 답변과 함께 초등 1학년 수학 공부 준비를 어떻게 하면 될지 알아보겠습니다.

선행은커녕 이제 겨우 현행 시작하는데 괜찮을까?

초등 1학년이 갓 된 8살 남자아이의 엄마입니다. 아이가 워낙 활동적인 편인 데다 저 역시도 공부는 조금 천천히 해도 되겠다 싶어서 유치원 때까지는 열심히 놀게 내버려뒀습니다. 그런데 초등학교 입학 후부터 왜 이렇게 불안한지 모르겠습니다. 불안한 마음에 연산 문제집이라도 풀려볼까 싶어서 한 권 사서 하고 있는데 아이가 책상 앞에 가만히 앉아 있지를 못합니다. 꾸역꾸역 억지로 제가 끌고 가니까 겨우 따라온다고 해야 할까요? 다른 애들은 뺄셈을 넘어 곱셈까지 한다는데, 이제 겨우 덧셈을 하는 우리 아들, 정말 괜찮을까요?

저는 무조건 괜찮다고 이야기하고 싶습니다. 만약 지금 아이가 고등학교 1학년에 현행 학습을 시작한다고 하면 그때도 저의 대답이 같을지는 모르겠지만요. 하지만 이제 세상에 첫발을 내디딘 아이들에게 늦었다는 말은 어울리지 않습니다. 하고 싶지도 않고요. 물론 조금이라도 미리 시작했다면 그것도 나쁘지는 않았겠지만, 결코 1학년도 늦지 않습니다.

1학년은 유치원 때보다 집에 빨리 옵니다. 그래서 엄마가 아이와 함께 공부할 수 있는 시간이 여유로운 편입니다. 조급하게 생각하지 말고 차분히 계획을 짜서 매일 공부를 실행한다면 생각보다 큰 효과를 볼 수 있습니다. 특히 1학년 수학만 놓고 보자면, 굳이 선행하지 않아도 학교 수업을 충분히 따라갈 수 있습니다. 그러니 더더욱 걱정할 필요가 없습니다.

모든 엄마가 알겠지만, 선행 학습을 한다고, 또 그 진도가 빠르다고 해서 무조건 좋은 것은 아닙니다. 공부하는 아이가 스스로 내용을 잘 알고 넘어가는 것이 선행 학습보다 빠른 진도보다 훨씬 중요합니다.

엄마표로 아이와 공부를 함께했을 때 가장 큰 장점은 아이가 어떤 영역이 약하고 느린지, 또 어떤 영역이 강하고 빠른지 파악하기 쉽다는 것입니다. 대신에 단점은 내 아이이기 때문에 공부하다가 화가 나고 속상한 일이 생긴다는 것입니다. 아무래도 엄마의 기대와 욕심 때문이겠지요. 그렇지만 이 세상에서 누가 내 아이의 속도에 온전히 맞춰 나갈 수 있을까요? 누가 엄마보다 더 성의 있게 열정적으로 가르칠 수 있을까요? 1학년은 절대 늦지 않았으니, 포기하지 말고 매일 나아가다 보면 엄마인 내가 간절히 원하지 않아도 아이가 어느 순간 선행의 상태에 도달하게 됩니다. 이제 '겨우' 현행의 시작이 아니라는 이야기입니다. 이제'야말로' 현행을 시작해 꾸준히 하다 보면 선행이 된다는 의미입니다. 수학은 매일 조금씩 공부하는 것이 하루에 몰아서 하는 것보다 더 효과적입니다. 앞서 1장에서 설명한 '수학 효능감과 계획 세우기'를 참고해 매일 공부 계획을 세워 실행해보기를 권합니다.

초등 1학년 수학 선행 학습, 어디까지 해야 할까?

유치원에 다니는 7살 딸아이를 둔 엄마입니다. 딸이 어릴 때부터 숫자에 관심이 많았던 터라 일찌감치 수학 공부를 시키고 있습니다. 지금은 선생님이 일주일에 한 번 집에 방문하는 수학 학습지를 하고 있고요. 초등학교 입학을 앞두고 수학 교과서랑 딸아이의 실력을 비교해보니, 학교에 들어가서 1학년 2학기 중간 정도까지는 힘들지 않게 따라갈 수 있겠더라고요. 그러다 보니 욕심이 조금 생기네요. 주변 이야기를 들어보면 2학년 정도까지는 아이가 스트레스를 안 받고 할 수 있다고도 하고요. 선행을 시킬수록 욕심이 커지는데, 초등 1학년 앞두고 수학 선행은 어디까지 해야 할까요?

선행 학습은 아이 공부에 있어 언제나 큰 화두입니다. 과거에도 그랬고 현재도 그렇고 미래에도 그러리라 생각합니다. 이때 가장 중요한 건 아무래도 선행 학습을 하는 이유입니다. 딱히 목표 없이 누가 하니까 따라 한다는 생각은 매우 위험한 발상이 될 수 있습니다. 대치동이나 목동 등 유명한 학군지에서는 초등 1학년인데 벌써 5학년 수학을 공부한다더라, 초등 과정을 다 끝내고 중학교 수학에 들어갔다더라 하는 경우도 흔히 찾아볼 수 있습니다. 무조건 불가능하다고 말할 수는 없는 것이 이런 아이들이 존재하긴 합니다. 하지만 모두가 그렇게 되어야 하는 것은 아닙니다. 그렇게 될 필요도 없고요. 또 그렇게 되지 못했다고 해서 공부를 못하는 아이라는 인식을 가지면 안 됩니다. 각자의 목표와 성취도가 다르기 때문입니다. 어떤 아이는 진도가 빠른 선행 학습에 희열을 느끼고, 또 다른 아이는 학교에서 새롭게 배우는 것에 흥미를 느끼기도 합니다. 그리고 무엇보다 아무리 선행을 해도 잊어버리는 아이들이 대다수입니다. 공부와 교육에 있어선 아이마다 통하는 방법이 다르고, 실천하는 개성이 다양합니다.

그럼에도 초등 1학년 수학 선행 학습을 도대체 어디까지 해야 하는지 묻는다면 저는 초등 1학년 심화 과정까지라고 말하고 싶습니다. 굳이 초등 1학년을 앞두고 수학 선행을 해야겠다면 심화 과정까지 잘 마무리하는 것을 목표로 삼아서 진행하기를 권합니다. 심화 과정이라고 하면 왠지 모르게 거부감이 들고 어렵게 느껴질 수도 있습니다. 하지만 너무나 당연한 이야기겠지만, 학령기 전 과정을 통틀어서 가장 쉬운 심화 과정은 초등학교 1학년 1학기 심화 과정입니다. 2학년은 그보다 어려울 테고, 3학년은 더욱더 어려울 것입니다. 여기서 심화 과정이란 학년을 뛰어넘는 내용이 나오는 것이 아니라, 학년의 진도 내에서 해결해야 하는 문제의 난도가 높은 것을 의미합니다. 그러니 초등 1학년 심화 과정을 목표로 공부한다면 이어지는 학년의 공부에도 긍정적인 영향을 끼치리라 생각합니다.

초등 1학년 수학의 기본 문제와 심화 문제

기본 문제	유나는 5개의 사탕을 가지고 있습니다. 그중 3개를 동생에게 주었습니다. 몇 개가 남았습니까?
심화 문제	유나는 몇 개의 사탕을 가지고 있습니다. 이 중 2개를 먹고, 4개를 동생에게 주었더니 3개가 남았습니다. 유나가 처음에 가지고 있던 사탕은 몇 개입니까?

아이와 심화 과정을 공부할 때 도전자의 마음으로 한다면 다 맞혀야 한다는 부담감에서 조금 더 벗어날 수 있을 것입니다. 도전해본 아이와 그렇지 않은 아이는 추후 공부를 대하는

태도가 다를 테니까요. 하지만 엄마가 먼저 지레 겁을 먹거나, 아이가 틀리는 것에 대해서 부정적으로 생각한다면 저는 선행학습을 추천하지 않습니다. 만약 이런 경우라면 집에서 왜 공부를 하려고 하는지 그 목적부터 다시 살펴야 할 것입니다.

선행을 하면 아이가 수업에 흥미를 잃지 않을까?

초2, 7살 아들 둘 엄마입니다. 요즘 아이들 수학 선행 학습 때문에 고민이 많습니다. 사실 저는 선행 학습에 한 번 실패한 경험이 있습니다. 지금 초2인 첫째가 입학하기 전에 수학 선행을 시켰는데, 오히려 학교에 가서 공부가 재미없다고, 정확히는 문제를 너무 다 풀 수 있어서 지루하다고 하는 바람에 애를 먹었습니다. 그런데 또 아이마다 다르다는 것을 알기에 7살인 둘째에게 입학을 앞두고 수학 선행을 시켜볼까 생각하고 있습니다. 하지만 걱정입니다. 첫째가 선행을 하는 바람에 수업에 흥미를 잃은 경우여서요. 효과적인 방법이 없을까요?

선행 때문에 아이가 정작 수업에서 흥미를 잃지 않을지, 정말로 많은 엄마가 하는 질문이자 고민입니다. 질문에 대한 대답을 먼저 해보자면 예시에 등장한 첫째 아이처럼 당연히 그럴 수 있습니다. 그럼 반대의 경우는 어떨까요? 단 하나도 배우지 않고 학교에 가면 무조건 수업이 재미있을까요? 항상 그렇지는 않을 것입니다. 마찬가지로 그 어떤 경우에도 무조건이라는 것에 대한 답은 없습니다. 아이마다 다르고 상황마다 다릅니다.

만약 우리 아이가 배우는 속도가 느리다면, 다시 말해 뭘 하나 배우는 데 오랜 시간이 걸린다면 사실 조금이라도 미리 예습하는 것이 큰 도움이 됩니다. 학교에 가서 아무것도 알아듣지 못하기보다는 선생님 말씀이 무슨 뜻인지를 알면 수업이 더 재미있을 것입니다. 제발 나는 시키지 말라며 속으로 비는 것이 아닌, 선생님의 질문에 자신 있게 손을 들고 발표하는 아이가 될 수 있습니다.

물론 역으로 어느 정도 선행 학습을 한 아이가 수업을 시시하다고 느낄 수도 있습니다. 수업에 집중하지 못하고, 선생님이 질문하기도 전에 먼저 대답해버리기도 합니다. 하지만 이것은 선행 학습 때문이 아니라 태도의 문제에 더 가깝습니다. '벼 이삭은 익을수록 고개를 숙인다'는 말이 있습니다. 자신이 잘 알고 있더라도 '내가 모르는 부분이 더 있지 않을까?', '실수하지 않기 위해 더 배워야 할 것이 있을까?'라는 태도로 수업에 임해야 합니다. 수업 예절을 지킬 줄 아는 아이로 키우는 것의 문제이지, 선행의 문제는 아니라고 생각합니다. 선행 학습을 한 아이 중에 오히려 더 겸손한 경우도 있습니다.

하지만 상황은 모두 다르기에 그 어떤 말로도 단정 짓기란 힘듭니다. 다만, 수업 태도와 선행 학습을 무조건 연결 짓는 것은 올바르지 않다고 생각합니다. 각자의 목표와 상황에 맞게 꾸려가는 것만이 수만 가지의 정보가 존재하는 교육 시장에서 흔들리지 않고 나아가는 힘이 되어줄 것입니다.

연산은 어디까지 할 줄 알아야 할까?

어린이집에 다니는 7살 여자아이의 엄마입니다. 이제 곧 초등학교 입학이라 집에서 엄마표로 공부하고 있습니다. 수학은 100까지의 수 세기를 뗀 이후부터 연산이 기본이라고 하길래 연산 문제집을 하루에 2~3장 정도 풀리고 있습니다. 그런데 초등 입학 전에 연산을 어디까지할 줄 알아야 하는지 너무 궁금합니다. 덧셈만 해도 충분한지, 뺄셈까지 해야 하는지, 덧셈만 해도 된다면 받아 올림까지 해야 하는지 등 정확한 목표를 세워놓고 하면 훨씬 효율적일 것 같아서요. 도대체 연산은 어디까지 하면 충분할까요?

우리는 정말이지 '어디까지'라는 말을 참 좋아하는 것 같습니다. 어떤 목표를 세우고 거기까지 나아가는 것을 좋아하기 때문이 아닐까 생각합니다. 수학 교육 인플루언서로 아이들을 가르치고 엄마들에게 강연하면서 "연산을 어디까지 해야 할까요?"라는 질문을 정말 많이 받습니다. 그때마다 항상 저의 대답은 같습니다. 초등학교 입학 전에 아이에게 연산을 시킨다면 받아올림이 있는 덧셈, 받아 내림이 있는 뺄셈까지 하면 좋겠다고 이야기합니다.

수학의 다른 영역은 몰라도 연산만큼은 한 스텝 정도 빨리 공부해두면 교과서를 배울 때, 즉 수업 시간에 조금 더 쉽게 알아들을 수 있습니다. 막상 학교에 들어가서 연산을 시작하면 원하는 속도가 안 나올 확률이 높습니다. 물론 연산의 속도보다는 정확도가 더 중요하지만, 정해진 수업 시간 내에 문제를 풀고 확인받는 과정에서는 어느 정도의 속도가 요구되는 것도 사실입니다. '아주 빠르게 계산하자'가 아니라 '적당한 속도감을 갖자'는 정도이지요. 연산 문제집이 요구하는 한 페이지에 30초, 이렇게까지 아이를 훈련시켜야 한다는 것은 절대 아닙니다.

받아 올림이 들어가면 계산이 쉽지 않고, 2학년 때 곱셈까지 나오는 연산의 늪이 시작되므로 1학년 입학 전에 받아 올림이 있는 덧셈, 받아 내림이 있는 뺄셈까지 해두면 수월하게 그 다음 학기와 학년을 준비할 수 있을 것입니다.

그렇다면 여기까지 준비하지 못한 아이들은 괜찮을까요? 물론 괜찮습니다. 앞서 나온 질문에 대한 답과 같은 맥락으로, 이제 우리 아이는 겨우 1학년이거나 1학년을 앞뒀을 뿐입니다. 앞으로 12년이라는 시간이 남아 있고, 충분히 공부할 수 있습니다. 어떠한 경우라도 포기하지 않고 공부하는 그 마음이 훨씬 중요합니다.

연산할 때마다 손가락을 쓰는 아이, 괜찮을까?

얼마 전에 초등학교에 입학한 아들을 둔 엄마입니다. 아들이 학교에 잘 적응하고 친구들과도 사이가 좋고 걱정이 하나도 없어서 정말 좋았는데, 최근 들어 걱정거리가 생겼습니다. 아이가 수학 연산을 할 때마다 제가 보기에 지나칠 정도로 손가락을 많이 사용합니다. 제 생각에 이만큼 했으면 암산으로 될 법도 한데, 계속 손가락을 씁니다. 유치원 때는 그러려니 했는데 초등 1학년이라서 그런지 너무 신경이 쓰입니다. 요즘은 초등 1학년이 곱셈도 암산으로 하는 시대이다 보니 더욱 그렇네요. 연산할 때마다 손가락을 너무 쓰는 제 아들, 괜찮을까요?

손가락은 사람이 가진 가장 쓰기 편하고, 접근이 쉬운 진짜 좋은 교구입니다. 하지만 아이가 손가락을 많이 쓰면 '손가락을 사용하느라 머리를 쓰지 않는 것은 아닐까?' 엄마로서 걱정하는 그 마음은 너무 당연하다고 생각합니다. 그런데 돈 들여 비싼 교구를 집에 척척 들이는데, 손가락이라고 왜 안 될까요? 손가락은 앞서 언급했듯이 가장 편한 계산 도구입니다.

그렇다면 어른은 손가락을 사용하면 안 되는 걸까요? 어른은 연산을 편리하게 하기 위해 계산기도 사용하는데 말입니다. 계산기 사용은 극단적인 예시로 느껴질 수도 있지만, 아이들이 연산하는 데 손가락을 사용하는 것은 지극히 자연스러운 현상입니다. 물론 엄마는 지금 당장 손가락 사용을 멈췄으면 하고 바랄 것입니다. 그러나 때가 되고 연산에 자신감이 생기면 아이는 알아서 조금씩 손가락을 사용하는 행동 자체를 멈출 것입니다. 그러니 지금 손가락을 사용한다고 핀잔하면서 스트레스를 주기보다는 그냥 내버려둬도 괜찮습니다. 시간이 흐르면서 사용 빈도가 줄어들 것이며, 자연스럽게 사라질 행동입니다.

그럼에도 불구하고 너무나 걱정이 되어 잠까지 오지 않을 지경이라면, 문제집 풀이를 잠시 멈추고 평상시에 엄마와 아이가 서로 손을 붙잡고 얼굴을 보면서 연산 게임을 해보기를 권합니다. 아이가 연산할 때 손가락을 쓰는 이유는 결과에 대한 확신이 없기 때문일 확률이 높습니다. 하지만 엄마와 함께하는 게임을 통해 손가락 없이도 연산이 가능하다는 사실을 알게 된다면 아이는 알아서 손가락을 쓰는 빈도를 줄일 것입니다. 게임을 하면서 답을 맞힌 아이에게 칭찬은 덤입니다.

엄마랑 손잡고 연산 게임

① 아이와 서로 눈을 마주 보고 앉습니다. 이때 터져 나오는 웃음에 주의합니다.

② 서로 손을 맞대고 깍지를 낍니다. 손가락 사용을 방지하기 위함입니다.

③ 규칙을 정해 서로 번갈아가며 연산 문제를 냅니다. 이때 규칙의 예로는 '한 자리 수 덧셈 문제(1+1, 5+5 등)만 내기', '한 자리 수 뺄셈 문제(7-3, 8-2 등)만 내기' 등이 있습니다.

④ 먼저 틀리거나 웃으면 지는 게임입니다. 상황을 봐가면서 엄마가 센스 있게 틀려주면 더욱 효과적인 게임이 됩니다.

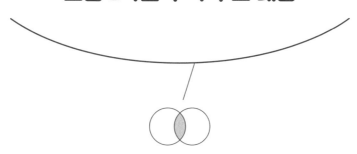

무엇을 공부할까?
초등 1학년 수학 주요 내용

집에서 엄마표로 공부할 경우 엄마가 아이의 강약을 파악하면서 매일 공부시킬 수 있다는 장점이 있지만, 공부 내용 중 중요한 것이 무엇인지, 즉 어디를 주력해서 봐야 하는지 정확히 알기 어렵다는 단점이 있습니다. 엄마의 눈에는 모든 내용이 다 중요해 보이고, 지금 배우는 이 내용이 추후 어떤 내용과 연결되는지를 알기가 힘들기 때문입니다. 그나마 요즘은 관련 서적이나 인터넷 카페 등 정보가 많아 노력하는 만큼 알 수 있는 세상이지만, 엄마의 정신없이 바쁜 하루에 그렇게 하기란 역시 쉬운 일은 아닙니다.

　이번에는 어떻게 보면 뻔한 이야기일 수도 있지만, 아이가 실질적으로 학교에서 단원 평가 등 시험을 볼 때를 대비해 엄마가 알고 있으면 좋은 초등 1학년 수학의 각 단원별 특징 및 중점 내용을 소개하고자 합니다. 여기에서는 2023년 현재 초등 1학년 수학 교과서(2015년 개정교육과정반영)를 중심으로 설명합니다. 다만, 2024년에 초등 1학년이 되는 2017년생 아이들부터는 2022년 개정교육과정을 반영한 새로운 교과서로 공부할 예정입니다. 하지만 교육과정의 변화가 늘 그렇듯 아이들이 배우는 내용이 아주 크게 바뀌는 것은 아닙니다. 지금까지 발표된 2022년 개정교육과정 초등 1학년 수학 교과의 변화 방향을 잘 알고, 현재 교과서 내용에 대입해 생각한다면 현명하게 우리 아이의 초등 1학년 과정을 준비할 수 있을 것입니다.

.

2022년 개정교육과정 수학과 변화 내용 요약(전체)

초등학교와 중학교 연계 강화
초등학교와 중학교의 핵심 아이디어, 내용 영역, 내용 체계 등 통합 제시
수학 영역의 변화(5가지 영역 → 4가지 영역)
기존 5가지 영역(수와 연산, 도형, 측정, 규칙성, 자료와 가능성)에서 4가지 영역(수와 연산, 변화와 관계, 도형과 측정, 자료와 가능성)으로 변화
학습 내용 재구조화
수학 개념을 지나치게 활용하는 복잡한 활동을 제한하고, 성취 기준 내용 삭제 등을 통한 적정화 및 디지털 소양 강화

2022년 개정교육과정 수학과 변화 내용 요약(초등 1학년 중심)

학습자 발달 수준 고려 및 학습 부담 완화
오각형, 육각형 구별 내용 삭제 및 저학년 학생들의 한글 학습 정도를 고려해 '여덟', '첫째' 등 한글로 쓰게 하는 활동 지양 등

초등 1학년 1학기 수학 교과서 살펴보기

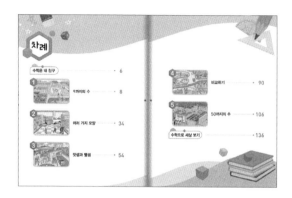

초등학교 1학년 1학기 수학 교과서 차례

1. 9까지의 수

1부터 9까지의 수를 바르게 쓰는 연습을 해둬야 하고, 수와 양을 일치시킬 수 있어야 합니다. 동시에 수를 읽는 다양한 방법을 인지해둬야 합니다. '1'을 '일'이라 읽고, 또 '하나'라고도 읽는다는 내용을 배워둔다면 어렵지 않을 것입니다.

2. 여러 가지 모양

둥근 기둥 모양, 상자 모양, 공 모양 등 학교에서 배우는 도형 이름을 정확히 알고 있어야 합니다. 선행 개념으로 공부했다면 직육면체, 구 등과 헷갈리지 않게 기억해둬야 합니다.

3. 덧셈과 뺄셈

가르기와 모으기를 통해 계산법을 배웁니다. 덧셈과 뺄셈보다 가르기와 모으기란 용어 자체를 헷갈릴 수 있으니, 이에 대한 설명을 꼭 해줘야 합니다. 그리고 더하기, 덧셈 등이 모두 같은 의미라는 사실을 여러 가지 예시로써 알려주면 좋습니다.

4. 비교하기

크다/작다, 길다/짧다, 가볍다/무겁다 등 비교를 나타내는 다양한 말에 대해 알아둬야 합니다. 이러한 말은 일상생활에서 자주 사용하면 아이가 익숙해지니, 되도록 일상생활에서 많이 쓰려고 노력하면 좋습니다. "너보다 큰 나무야", "네 손가락보다 긴 연필이네" 등 아이를 기준으로 비교하는 방법을 알려준다면 쉽게 잊어버리지 않을 것입니다.

5. 50까지의 수

'10씩 묶어 센다'는 말의 의미를 아이가 알 수 있도록 충분히 설명해줘야 합니다. 십진법과 자릿값에 대해 엄마가 제대로 알고 가르쳐서 아이가 정확히 인지한다면 어렵지 않게 이 단원을 배울 수 있습니다. 더불어 어떤 수를 중심으로 1 큰 수, 1 작은 수의 관계에 대해서도 알아두면 좋습니다. 아이가 너무 어려워한다면 수백판 등을 활용해 도움을 받을 수 있습니다.

초등 1학년 2학기 수학 교과서 살펴보기

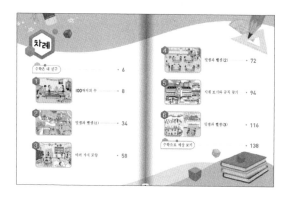

초등학교 1학년 2학기 수학 교과서 차례

1. 100까지의 수

묶음 수에 대한 인지가 필요합니다. '묶음 수'라는 말은 아이들이 단번에 받아들이기 어렵기에, 이보다 먼저 '묶음'이라는 말의 뜻을 알려주면 보다 쉽게 용어를 이해할 수 있습니다. 그리고 수와 숫자를 제대로 구별해야 문제를 풀 때 조금 더 도움이 됩니다. 두 자리 수가 나오면서 두 자리 수를 구성하는 숫자에 대한 질문도 많이 나오는 편이니, 수와 숫자에 대한 정의를 잘 기억해두면 좋습니다. 또한, 수의 순서와 짝수와 홀수 등 다양한 수 개념을 인지해야 합니다.

2. 덧셈과 뺄셈 (1)

여러 가지 방법으로 덧셈하기가 나오는데, 아이들이 많이 어려워하는 편입니다. 다양한 방법으로 계산할 수 있다는 점을 알려줘야 하고, 그중 자신이 편한 방법을 선택해 실행할 수 있도록 도와줘야 합니다.

3. 여러 가지 모양

동그라미, 세모, 네모 모양 등을 알고, 일상생활 속에서 각각의 모양을 찾아볼 수 있어야 합니다. 또 입체 도형의 모양 도장 찍기 등을 함으로써 본뜨기에 대해 알아두면 조금 더 수월합니다. 동그라미, 세모, 네모를 가지고 여러 가지 모양을 만들어보는 창의적 활동을 집에서 해보는 것도 도움이 될 수 있습니다. 모양을 만들고 나서 마지막에 어떤 모양이 몇 개나 이용되었는지 세어보면 보다 확장된 공부를 할 수 있을 것입니다.

4. 덧셈과 뺄셈 (2)

10 만들기와 10에서 덜어내는 연습을 해야 합니다. '10'을 기준으로 사고하는 연습을 해둬야 하는 때입니다. 10을 이용한 세 수의 덧셈과 뺄셈을 배우기 때문에 10 만들기 연습을 많이 해두면 해둘수록 좋습니다. 집에서 손가락만 가지고도 충분히 연습할 수 있습니다.

엄마와 아이가 함께하는 10 만들기 게임

10 만들기 게임 ①	양손을 다 폈다가 순간적으로 손가락을 접어서 아이에게 보여주고, 10이 되려면 몇 개의 손가락을 펴야 하는지 말하게 하는 게임입니다. 손가락을 여러 가지 모양으로 접으면서 헷갈리게 만드는 것이 포인트입니다.
10 만들기 게임 ②	10을 만들어야 하는 게임으로, 공격하는 사람이 "2!"라고 외치면, 그다음에 방어하는 사람이 "8!"을 외치면 됩니다. 만약에 8을 외치지 못하거나 다른 숫자를 말하면 지는 게임입니다.

5. 시계 보기와 규칙 찾기

아이들이 생각보다 많이 힘들어하는 내용입니다. 요즘에는 직접 시계를 볼 일이 별로 없기 때문입니다. 어릴 때부터 아이가 알든 모르든 손목시계를 채워두면 시계를 읽는 데 도움이 됩니다. 시계는 시간을 양적으로 인지하게 도와줍니다. 미취학 때부터 미리 시계를 보고 시간의 흐름에 대해 엄마와 아이가 많은 이야기를 나눈다면 분명 어렵지 않게 배울 수 있을 것입니다.

초등 1학년 때는 교과서에 30분 단위까지만 나오므로 이 정도까지는 반드시 알 수 있도록 해주면 좋습니다. 그리고 시곗바늘의 위치를 아이와 함께 많이 그려보기를 권합니다. 인터넷을 살펴보면 시계 도장을 살 수 있고, 시계 보기를 연습하는 학습지가 정말 많으므로 쉽게 공부할 수 있을 것입니다. 이어서 규칙 찾기가 나오는데, 이 부분은 반복되는 패턴의 인지가 중요합니다. 놀이처럼 규칙을 만들고 말로 해보는 활동을 통해서 충분히 익힐 수 있습니다.

6. 덧셈과 뺄셈 (3)

10을 이용한 가르기와 모으기를 공부해둬야 합니다. 받아 올림이 있는 덧셈이 처음으로 등장하며, 수를 분해해서 10을 만들어 계산하는 방법을 배웁니다. 덧셈식과 뺄셈식을 만들어보면서 덧셈과 뺄셈을 되도록 많이 연습하면 좋습니다. 한 자리 수 내에서 받아 올림이 있는 연산을 하기에 1+1부터 9+9까지 무작위로 퀴즈를 내면서 놀이처럼 배우면 큰 도움이 됩니다.

수학 인증 시험

아이가 수학에 자신감을 보이지 않는다면 계속해서 엄마와 단둘이 공부를 했기 때문일 가능성이 큽니다. 엄마 외에는 누구도 아이의 수학 실력을 제대로 본 적이 없기 때문입니다. 이런 경우 공식적으로 '잘한다'라고 평가받는 과정이 필요합니다. 물론 내적 동기와 성취감도 중요하겠지만, 어린아이들에게 그런 마음을 바란다는 것은 어른들의 욕심이 아닐까 생각합니다. 어른인 우리도 내적 동기 부여와 메타인지가 되지 않아서 책을 읽고 깨달아나가고 있는데 말입니다. 그러니 미취학 시기인 지금은 아이가 수학에 자신감을 가질 수 있는 수단을 찾아 사용해보면 좋습니다.

예를 들어, 미술 학원에서는 어린아이들부터 미술 대회에 내보냅니다. 정말로 아이가 그림에 소질이 있다기보다는 대회를 통해 매일 그림을 그리는 일이 어떠한 성취를 이뤄내는 데 도움이 된다는 사실을 알려주고 싶어서입니다. 수학도 마찬가지입니다. 매일 반복적으로 엄마와 공부했지만, 이것이 어떻게 인정받고 성취를 이뤄내는지는 아이도 엄마도 잘 알지 못합니다. 그저 도움이 된다니까 하고 있을 뿐 그 결과는 지금 당장 보기 어렵기 때문입니다. 그래서 저는 7세라도 경시대회를 나가보라고 권장합니다. 한글만 읽을 줄 알면 볼 수 있는 시험이 있고, 내용도 어렵지 않습니다. 게다가 상장과 메달 수여에 매우 후한 편이어서 아이들의 성취 능력 고취에 도움이 됩니다. 꽤 많은 시험이 있지만, 여기에서는 미취학 아이들이 보기 적당한 3가지의 시험을 소개하겠습니다.

7세가 보기 좋은 HME

HME 전국 해법수학 학력평가는 1년에 2번 개최됩니다. 미취학 아이들은 Homeschooling이나 유치원 이름을 검색해서 선택한 후에 시험을 볼 수 있습니다. 7세에게 권하지만 7세용은 따로 없어서 초등 1학년용으로 시험을 보면 됩니다. 온라인으로 집에서 시험을 보기 때문에 부담이 적습니다. 시험 결과가 80점이면 최우수상을 받고, 72점 이상이면 누구나 메달과 상장을 보내줍니다. 20번 문제까지는 그렇게 어렵지 않기 때문에 큰 실수만 하지 않는다면 우수상까지 받는 것이 힘들지 않습니다.

- 일정: 상반기(6월), 하반기(11월)
- 문항 수: 25문항
- 비용: 4만 원
- 방법: 온라인(선택에 따라 오프라인 시험도 가능)
- 시간: 초등 1학년 기준 40분
- 관련 사이트: hme.chunjae.co.kr

보기만 해도 상장을 주는 TESOM

TESOM 학력평가는 1년에 2번 개최됩니다. HME와 마찬가지로 7세용이 없어서 초등 1학년용으로 시험을 볼 수 있으며, 온라인과 오프라인 시험 둘 다 가능합니다. TESOM은 시험을 보기만 해도 상장을 보내주는데, 60점 미만이어도 '탐험상'이라는 상장으로 아이들의 의욕을 고취시켜줍니다. 오지선다가 20문제, 주관식이 5문제이므로 처음 시험 보는 친구들도 부담 없이 도전해볼 수 있습니다.

- 일정: 상반기(6월), 하반기(11월)
- 문항 수: 25문항
- 비용: 3만 원
- 방법: 온라인(선택에 따라 오프라인 시험도 가능)
- 시간: 초등 1학년 기준 50분
- 관련 사이트: tesom.co.kr

국제 경시대회지만 해볼 만한 매쓰 캥거루

매쓰 캥거루는 아직은 낯설지만 요즘 주목받는 국제 수학 경시대회입니다. 시험에는 우리가 흔히 아는 경시대회 문제가 아닌, 사고력 수학 혹은 IQ 테스트에 더 가깝다고 느낄 만한 문제가 출제됩니다. 관련 사이트에서 미리 테스트도 해볼 수 있습니다. 답을 선택할 때 우리에게 익숙한 오지선다가 아니라 A, B, C, D여서 아이들이 낯설어 할 수도 있으니 충분한 설명이 필요합니다. 시험의 수준은 재미있게 풀어볼 수 있는 정도입니다.

- 일정: 연 1회
- 문항 수: KE(7세~초1) 기준 18문항
- 비용: 1만 8,000원
- 방법: 온라인
- 시간: KE(7세~초1) 기준 50분
- 관련 사이트: kangaroomath.co.kr

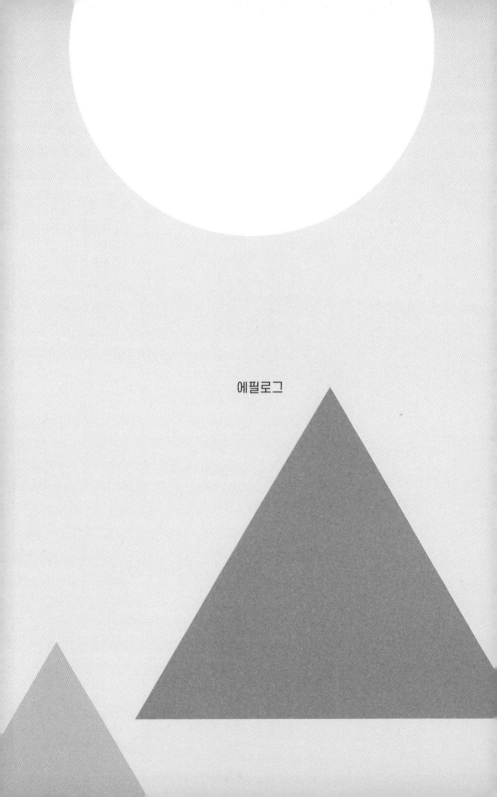

에필로그

매일이 불안한
여러분에게

코로나가 풀리고 오프라인 강의를 다니며 여러 어머님을 만났습니다. 대부분 저를 좋아하는 분들이니, 아이의 연령대가 미취학부터 초등학교일 것입니다. 지금 너무 잘하고 있고, 제 눈에는 너무 빛이 나는 그 어머님들도 매일을 불안해합니다. 넘쳐나는 정보는 잘해준 것보다는 못 해준 것에 대한 아쉬움만을 자꾸 만들어내니까요.

이 책을 쓰면서도, 집필을 마치고도 사실 저는 걱정이 됩니다. 너무 많은 이야기를 담아 오히려 불안하게 하지는 않을까?

못 해준 것에 대한 미련이 남게 하지는 않을까? 글은 강의와 다르게 표정과 감정이 빠져 있어 읽는 사람의 어조가 저의 감정이고, 읽는 사람의 기분이 저의 기분을 대변하겠지요?

여러분을 힘들게 하겠다고 쓴 책은 아닙니다. 제가 책을 쓰려고 마음먹었던 순간이 있었는데, 어떤 분이 얼른 선생님이 책을 썼으면 좋겠다며, 두고두고 곱씹을 무언가가 필요하다고 했습니다. 강의는 너무 빨리 휘발되니 아쉽다고요. 그저 이 책은 옆에서 아이와 수학 공부를 하다 필요한 순간순간 찾아보는 용도가 되면 좋겠습니다. 전부를 다 하려고 하지 말고, 필요한 부분만 도움이 되기를… 저는 그저 바랄 뿐입니다.

책 한 권을 끝까지 읽는다는 것이 쉬운 일은 아닙니다. 그럼에도 여러분은 에필로그까지 온 것이 아닙니까? 대단한 여러분의 어깨를 토닥이며 칭찬해주고, 마음이 따뜻이 데워져 아이의 미래에 대한 불안감이 사라지면 좋겠습니다.

신이 모두의 곁에 있을 수 없어 엄마를 만들었다고 했습니다.
하지만, 엄마는 신의 대신이지 신이 아닙니다.
여러분은 완벽할 수 없습니다.
완벽보다는 완전한 오늘이 되기를 바랍니다.

오늘도 안녕, 그저 오늘을 잘 살아냅시다.

점이 모여 선이 되는 날까지 여러분을 응원하겠습니다.

감사합니다.

같은 시간 속에서 저와 함께 아이를 키워나가는 친구가 되어주셔서……

엄마표 수학 큐레이션

초판 1쇄 발행 2023년 7월 25일
초판 2쇄 발행 2023년 11월 10일

지은이 오안쌤
펴낸이 권미경
편집장 이소영
책임편집 최유진
마케팅 심지훈, 강소연, 김재이
디자인 스튜디오 베어
펴낸곳 ㈜웨일북
출판등록 2015년 10월 12일 제2015-000316호
주소 서울시 마포구 토정로47, 서일빌딩 701호
전화 02-322-7187 **팩스** 02-337-8187
메일 sea@whalebook.co.kr **인스타그램** instagram.com/whalebooks

소중한 원고를 보내주세요.
좋은 저자에게서 좋은 책이 나온다는 믿음으로, 항상 진심을 다해 구하겠습니다.